# 城市尺度大气环境管理平台技术应用

李　莉　著

中国建材工业出版社

图书在版编目（CIP）数据

城市尺度大气环境管理平台技术应用/李莉著．--
北京：中国建材工业出版社，2019.12
ISBN 978-7-5160-2744-8

Ⅰ.①城… Ⅱ.①李… Ⅲ.①城市环境－大气环境－
环境管理－决策支持系统 Ⅳ.①X21

中国版本图书馆 CIP 数据核字（2019）第 269230 号

## 内容简介

本书介绍了一种以智能化集成为基础的大气环境管理平台技术，具体内容包括乡镇分辨率的城市大气污染源排放清单的建立方法、基于中尺度气象模型 WRF、MM5 的 RBF 人工神经网络智能化气象集成模型、基于气象集成模型与 CMAQ/CAMx 的大气环境管理平台技术，并给出了该大气环境管理平台的应用示例。该技术可用于区域大气环境管理及污染控制，为进一步制定区域大气环境达标规划及协同控制方案提供决策依据。

本书可供从事城市大气环境管理及污染控制、城市工业规划、大型工业园区规划建设的大气环境管理等相关行业技术和管理人员参考，也可供高等学校大气环境规划与管理专业师生参阅。

**城市尺度大气环境管理平台技术应用**
Chengshi Chidu Daqi Huanjing Guanli Pingtai Jishu Yingyong
李 莉 著

出版发行：中国建材工业出版社
地　　址：北京市海淀区三里河路 1 号
邮　　编：100044
经　　销：全国各地新华书店
印　　刷：北京雁林吉兆印刷有限公司
开　　本：787mm×1092mm　1/16
印　　张：6.75
字　　数：180 千字
版　　次：2019 年 12 月第 1 版
印　　次：2019 年 12 月第 1 次
定　　价：38.00 元

# 前　　言

多年来，由于对环保措施重视不足，导致我国许多工业城市出现严重的大气污染问题。大气污染不仅威胁人类健康，而且直接影响当地经济发展。为解决城市大气污染问题，政府需要做出更科学的环境管理决策，制定更合理有效的大气环境规划。大气污染的影响因素有很多，如排放源、地表特征、气象条件等，因此，有效地进行大气质量管理这一任务十分艰巨。为完成这一任务，要了解定量化污染物排放源对大气质量的影响，并了解相应的排放贡献敏感性非常重要。随着计算机技术的发展，数值模拟技术成为相关研究的热点，在大气环境管理系统中也有一定的应用，但是传统管理系统中应用的模型多以高斯、箱式为基础，无法给出真实条件下的动态结果，使环境管理者的决策具有一定的局限性。如何以更先进的数值模型为基础建立大气环境管理平台，从而在真实条件下实现大气环境容量的计算和环境管理的决策，对宏观预防环境污染，使区域经济持续、健康的发展具有重要意义。基于优化控制城市群区域和城市尺度的大气环境模拟是解决该问题的良策。利用国内外大气质量模型系统的研究成果及适应我国环境的模型参数，开发构筑考虑地形因素的中尺度城市大气环境管理平台，建立城市范围的大气环境容量模型体系及计算方法，也将具有重要的示范作用。

本书以我国重污染工业城市唐山市为例，以该市的大气污染源调查为基础，建立了气象智能化集成模型，创建了基于集成模型与CMAQ/CAMx相耦合的大气环境管理平台，并确定了污染贡献敏感区域及敏感源，计算了大气环境容量，在此基础上制定了典型城市大气环境规划控制方案，为该市政府的环境污染控制决策提供科学有效的依据，也为其他城市政府及相关部门提供了方法上的参考。

本书共分7章。第1章主要讲述了城市大气环境管理平台的技术背景及国内外研究现状。第2章介绍了城市大气环境管理平台的组成，包括：建立基于乡镇级别的高分辨率动态源清单；MM5与WRF气象模型的智能化集成；利用气象集成模型Ensemble与CMAQ/CAMx耦合，建立了大气环境质量管理平台（CAEMS），其中，CAMx为敏感识别快速计算模块，经验证，建立的CAEMS平台，可以有效地提高城市尺度模拟的准确度，获得更好的大气质量模拟效果。第3章主要介绍了城市大气环境管理平台CAEMS在敏感源及敏感区域筛选中的应用，包括应用CAEMS在唐山市大气质量影响较大的污染贡献敏感区域进行筛选，基于CAMx与CMAQ两模块的比较分析，并基于CAMx的多方案计算优势建立了城市三维污染贡献敏感区域计算方法，同时进行了不同高度的污染源的优化规划利用依据。第4章主要介绍了城市大气环境管理平台CAEMS在大气环境容量计算中的应用，包括：得出典型城市四季的不同达标率下的大气环境容量；基于CAMx的网格化的贡献矩阵敏感识别方法，确定了网格化的大气环境容量计算；提出了城市多层次环境容量计算框架。第5章主要介绍了在大气污染控制中的优化控制应用，根据不同的大气质量控制目标，利用大气环境模型的模拟结果，进行规划控制分析；同时，结合敏感源及敏感区域的筛选结果修正规划的约束方程，提出了更合理的达标控制方案。第 6 章主要为利用城市大气环境管理平台 CAEMS 进行典型城市及周边城市的相互影响分析。第 7 章总结了全书内容并进行了展望。

　　由于作者业务水平的限制，本书难免有疏漏和不当之处，敬请广大读者批评指正。

李　莉

**2019** 年 11 月

# 目　　录

# 第1章　城市大气环境管理平台的概述

本书建立的大气环境管理平台是在定量化城市环境质量管理前提下提出的，基于数值模拟技术的城市尺度大气环境数值模型系统，该系统由污染源清单模块、气象模块、大气质量模块组成。本章给出了该平台的研究背景、气象及大气质量数值模拟技术研究现状、精确化气象模型研究现状及与该平台应用相关的城市大气环境管理方面的研究现状。

## 1.1　城市大气环境管理平台的技术背景

随着计算机技术的发展，数值模拟技术成为人们研究的热点，在大气环境管理系统中也有一定的应用，但是传统管理系统中应用的模型多以高斯、箱式为基础，无法给出真实条件下的动态结果，使环境管理者的决策受到一定的局限。如何以更先进的数值模型为基础建立大气环境管理平台，从而在真实条件下实现大气环境容量的计算和环境管理的决策，对宏观预防环境污染，使区域经济持续、健康地发展具有重要价值。基于优化控制城市群区域和城市尺度的大气环境模拟是解决该问题的良策。利用国内外大气质量模型系统的研究成果及适应我国环境的模型参数，开发构筑考虑地形因素的中尺度城市大气环境管理平台，建立城市范围的大气环境容量模型体系及计算方法，也将具有重要的示范作用。

大气环境质量管理平台研究的目的是分析及掌握典型城市的污染机理，以便政府通过相应的管理手段和规划方案来采取措施消除污染。大气环境管理和规划研究较早出现在欧美和日本等发达国家和地区。1975年美国联邦议会批准了环保署提出的《大气清洁法案》及其修正案。在研究的过程中，人们广泛采用模型预测的方法，其中，中尺度气象数值模型在近20年时间内取得了很大进展，已创造出一系列具有实际应用价值的中尺度气象模型，同时也构建了多种大气质量数值模拟系统，以满足各种大气污染物在不同尺度下的不同类型污染过程的模拟需求。然而，由于真实大气具有复杂性特征，数值模拟技术还有很大的提升空间，这也是目前国内外研究的热点问题。模拟效果的好坏，尤其是作为大气质量模型输入场的气象模型的模拟，对污染物浓度的模拟起着重要作用，是大气环境质量管理平台的基础。影响模型模拟的因素很多，如何提高模拟效果，对城市污染机理的掌握及平台的建设有着重要的意义。

区域敏感源识别技术是典型城市达标控制的前提。在城市大气环境总量控制研究中，除环境容量优化利用、考虑功能区差异、集中控制、清洁生产外，敏感源的筛选是非常关键的，国内很多重工业城市，污染源众多，如何筛选出敏感源、以最小的花费获得更好的达标控制效果，是政府部门迫切需要解决的问题。另外，敏感区域的筛选也尤为重要，尤其对正要进行工业规划建设的城镇，如何将可以带来经济效益的污染源置于合理的位置，是十分重要的。

由于大气污染具有区域性，城市之间存在着大气污染的相互影响和输送[1]，区域大气污染问题已成为人们研究的热点[2-3]。本书选取了典型重工业城市——唐山，研究了唐山市与

1

周边区域的大气污染联动问题。唐山市位于河北省东北部，与北京、天津共同形成京津唐"城市群"，大气污染物排放量居三大城市之首。根据《北京边界外来污染物输送通道》的研究结果，唐山市位于北京边界层偏东气流输送通道——燕山山前东风带上，其污染物在一定程度上对北京、天津的大气质量污染产生影响。因此，解决好唐山市的环境问题，不仅有利于改善唐山市区人民的生活质量及经济投资环境[4]，而且会对整个京津唐地区的大气质量的改善产生积极的影响和深远的意义，也是重工业城市的环境大气质量平台与区域环境质量关系的标志性特例研究。

## 1.2 大气环境数值模型概述

### 1.2.1 气象模型

随着计算机和观测技术的快速发展，中尺度大气数值模型和模拟在近 20 年时间内得到了迅速的发展。最近几年里，一些发达国家的中尺度模型模拟系统已经进入实时运行阶段。在发展过程中，模型研究者把大气动力学理论和数学物理的发展紧密结合，创造出一系列中尺度气象模型。其中先进的中尺度大气数值模型主要包括：美国 Eta（Early Eta，Meso-Eta，Eta 10）模型［国家环境预报中心（NCEP）的业务预报中尺度模型］；美国 RAMS（科罗拉多州立大学 CSU 的区域大气模拟系统）；美国 ARPS（俄克拉荷马大学 UO 的先进区域预报系统）；美国 MASS（北卡州立大学的中尺度大气模拟系统）；美国 RWM 模型［空军全球天气中心（AFGWC）的重置窗口模型］；美国 NORAPS（海军业务区域预报系统第六版）；美国 RSM 模型（NCEP 的区域谱模型）；美国 COAMPS［海军舰队数值气象和海洋中心（FNMOC）的耦合海洋/大气中尺度预报系统］；美国 MM5 模型［宾州大学/美国国家大气研究中心（PSU/NCAR）的中尺度模型第五版］；美国 WRF 模型（美国 NOAA、NCEP、Air Force 等联合开发的下一代多尺度数值预报模型）；英国 UKMO 模型（英国气象局业务中尺度模型）；加拿大 MC2 模型（中尺度可压缩共有模型）；法国 MESO NH 模型（中尺度非静力模型）；日本 JRSM 模型（日本区域谱模型）。我国也在发展自己的中尺度模型。下面介绍几种主要的中尺度气象模型。

（1）RAMS。RAMS 模型是非流体静力、原始方程中尺度模型，模型的垂直坐标采用地形追随坐标 $s_z = (z - z_t) / (z_s - z_t)$，其中 $z_s$ 是模型顶层高度，$z_t$ 是当地的地形高度。该模型的一个重要特点是其双向嵌套网格技术。这一特点使得可以采用细网格模拟小尺度或中尺度系统，同时用粗网格模拟大尺度大气背景场，因而可以用于城市局地尺度大气环境动力场模拟研究。

（2）MM5。MM5（Fifth-Generation NCAR/Penn State Mesoscale Model）是美国宾西法尼亚大学/美国国家大气研究中心（PSU/NCAR）联合开发的有限区域中尺度数值模型。模型具有非静立平衡机制并采用地形追随（Terrain-Following）的 Sigma 坐标系[5]。自 20 世纪 70 年代问世以来，因其对中尺度以及区域尺度的大气环流的模拟及预报具有较好的效果而在国内外得到广泛研究及应用。MM5 具有以下 5 个主要特征[6]：①多重嵌套功能；②采用非静力的动力框架，使得模型可以精确到几千米的尺度；③支持大型计算机的并行计算；④具有四维资料同化（FDDA）系统，可对卫星、雷达等非常规气象资料进行同化处理，为模型提供最优初始场；⑤模型有丰富的物理参数化方案可供选择。

MM5 已被广泛应用到大气环境模型中，如 CMAQ（Community Multiscale Air Quality）、CMAx（Comprehensive Air Quality Model with Extension）、CALPUFF 等模型，均采用 MM5 作为气象输入场[7-8]。

（3）ARPS。由美国俄克拉荷马大学的风暴预报中心在美国国家科学基金会和联邦航空管理局联合资助下开发的 ARPS 气象模型，是非静力平衡的三维动力学气象预报模型，其适用范围较广。该模型使用追随地形的坐标系统，水平方向为等间距网格，垂直方向采用可变格局模型将风矢分量和各状态分量表示成基态值（平均值）和扰动量的和，求解完整的动力学和热力学方程组，该模型在气象模拟领域处在世界领先水平。

中科院大气物理研究所中小尺度部的研究组从 1995 年开始即与 CAPS 合作，运行 ARPS，并在国家自然基金重大项目"内蒙古干旱草原土壤—植被—大气相互作用"（IMGRASS）中用于模拟面积约为 300km×300km 的大兴安岭山脉西侧的项目试验区内复杂地形上降水。以 ARPS 所作的分辨率达 5km 水平格距的模拟表明，随着分辨率的增加，ARPS 可以保持高性能的运转，从而在所需要的精细程度上抓住复杂地形对大气流场的影响。苏州市环科所的余文卓与顾钧采用 ARPS 模型模拟了沙环厂址的静风条件，使得他们在现场测试条件有限的情况下，对厂址静风条件下的海陆风环流有了比较清晰的认识[9]。

总体来说，ARPS 为当前国内外应用较为广泛的中尺度数值模型，其模型本身的完善程度及所考虑物理过程的全面性，使其成为当前最为成功的中尺度数值模型之一。ARPS 能达到较高的模型分辨率，并具有较高的可信度。其非静力平衡特征更能反映小尺度的气象信息，小于 10km 的尺度上具有更明显的优势及可信度，特别适合小尺度的气象模拟。

（4）WRF。WRF（Weather Research and Forecasting）模型是由美国 NOAA、NCEP、Air Force 等联合开发的下一代多尺度数值预报模型。该模型具有良好的计算架构及全面的物理参数化方案，同时它也是 Models-3 今后用来替代 MM5 的气象预报模型。

WRF 模型是一个完全可压非静力模型，控制方程组都写为通量形式。其网格形式与 MM5 的 Arakawa B 格点不同，采用 Arakawa C 格点，有利于在高分辨率模拟中提高准确性。模型的动力框架有三个不同的方案。前两个方案都采用时间分裂显示方案来解动力方程组，即模型中垂直高频波的求解采用隐式方案，其他的波动则采用显示方案。这两种方案的最大区别在于它们所采用的垂直坐标不同，它们分别采用几何高度坐标和质量（静力气压）坐标。第三种模型框架方案采用半隐式半拉格朗日方案来求解动力方程组。这种方案的优点是能采用比前两种模型框架方案更大的时间步长。WRF 模型应用了继承式软件设计、多级并行分解算法、选择式软件管理工具、中间软件包（连接信息交换、输入/输出以及其他服务程序的外部软件包）结构，并将有更为先进的数值计算和资料同化技术、多重移动套网格性能以及更为完善的物理过程（尤其是对流和中尺度降水过程）。因此，WRF 模型将有广泛的应用前景，包括在天气预报、大气化学、区域气候、纯粹的模拟研究等方面的应用，它将有助于开展针对我国不同类型、不同地域天气过程的高分辨率数值模拟。在环境科学研究中，WRF 中尺度气象模型被用来分析造成重污染过程的气象因素，如副热带高压、热带气旋及变性冷高压脊的影响[10]；也被用来研究平流雾的发生、发展和消散机制[11]。WRF 模型同 MM5 模型一样，可以为大气质量模型提供可靠的气象输入场。

## 1.2.2　大气质量模型

由于大气污染问题是一个区域性问题，大气质量数值模拟技术系统广泛应用于对各种大气污染物在不同尺度下的不同类型污染过程进行模拟，已经成为大气环境研究中不可缺少的组成部分。目前应用较为广泛的大气质量模型包括高斯模型、箱式模型、灰色预测模型、湍流闭合模型等，以及从统计学领域发展起来的模型。以下将对几种主要的大气质量模型及其应用现状进行简要介绍。

（1）高斯模型。多年来，在点源污染浓度估计方面一直采用高斯模型，这主要是因为与其他扩散模型（K 模型、统计模型和相似模型）相比，高斯模型物理意义比较直观，模型的数学表达式简单，便于分析各种物理量之间的关系和数学推演，易于掌握和计算。高斯模型是美国环境保护局（EPA）系统 UNAMAP 模型库中所有模型的支柱。作为法规模型，它可以用最简捷的方式最大限度地将浓度场与气象条件之间的物理联系及观测事实结合起来。高斯模型在大气质量预测时容易实施，尤其是对模拟高架点源，但高斯模型难以配合风场的变化以及无法处理因地形引起的局部环流，没有考虑化学氧化和干沉积对污染物的去除作用。由于城市污染源的分布和地形复杂，用高斯模型来预测城市大气质量的困难较大，往往会有较大的误差[12-13]。

（2）箱式模型。箱式模型常用于城市下垫面和封闭地形条件下的大气污染物浓度预测，主要考虑热力因子与动力因子的影响，在质量输入-输出简单模型的基础上建立起来，可分为单箱模型、多箱模型、光化学箱式模型。在单箱模型基础上，北京工业大学在开发了二维多箱模型的基础上，又开发了一种应用方便、实用性强的多维多箱模型。

二维多箱模型是在单箱模型基础上改进的一种模型。在纵向和高度上将单箱分成若干部分，即构成一个二维多箱模型。程水源教授采用二维多箱模型对石家庄市环境质量进行预测，结果表明二维多箱模型可以弥补单箱模型的缺陷，其计算结果与实测值之间不存在显著性差异。在宽度方向上离散二维多箱模型，则可以构成一个三维多箱模型（也称多维多箱模型）。多维多箱模型结合了二维多箱模型和单箱模型的优点，既考虑到污染源的不均匀、市区可分为不同功能区这一特点，又考虑到在铅垂方向上风场随高度的变化，还考虑了物理干沉积和化学变化对污染物浓度的影响。多箱模型可以弥补单箱模型的缺陷和不足，可使大气预测方法更完善，也使预测结果更接近实际。多箱模型除了具有直观、计算简单、比较适宜于大气环境容量的研究等特点，还综合考虑了地形、气象等因子的影响以及非线性的反应，可谓较完善的扩散模型。1998 年，程水源教授在多维多箱模型中引入 4 个风向组，成功地预测了石家庄市大气环境质量，预测结果通过地面和高空的 $SO_2$ 浓度监测值来验证[14]。2002 年，北京工业大学应用多维多箱模型和高斯模型耦合研究了唐山市的大气环境质量，在此基础上确定了唐山市的大气环境容量，并提出了唐山市大气环境质量达标规划[15-16]。预计随着计算机技术的日益发展和数值解法的日趋完善，该模型将越来越受到人们的重视。

多维多箱大气环境质量预测模型系统 V1.0 于 2007 年 3 月 1 日首次发表，并于 2007 年 4 月 23 日取得软件著作权登记[17]。多维多箱大气环境质量预测模型系统 V2.0 于 2007 年 12 月 1 日首次发表，并于 2008 年 2 月 3 日取得软件著作权登记[18]。前两个版本的多维多箱大气环境质量预测模型系统均不支持可视化界面，给使用者带来一定程度的不便。多维多箱大气环境质量预测模型系统 V3.0 在 V2.0 版本的基础上开发。它继承了 V2.0 版本的全部内核，同时也做出了重大的改动。多维多箱大气环境质量预测模型系统 V3.0 进行了可视化开发，增加了图形用户界面（GUI）系统，人机交流更加直观，用户使用更加方便；同时，多维多箱大气环境质量预测模型系统 V3.0 支持可变层高的模型运算，使建模更加切合真实的大气物理状况，从而使模型运算精度进一步提高[19]。

（3）灰色预测模型。灰色预测模型是对一类本征性灰色系统所建立的一种微分方程的动态模型，即把大气环境作为一个灰色系统，建立 GM（1.1）模型对大气环境质量进行预测。运用灰色预测模型能找出影响环境质量的主导因子，而且可将环境质量预测与社会经济因素相结合，有助于提高预测结果的精确度和可信度。但该模型所建立的 GM（1.1）模型是指数形式，对数据的分布有一定的要求，模型精度与预测精度并不完全一致；此外，该模型只能进行宏观预测，受人为因素的影响很大；预测值是单向量的，缺少模糊性；因此它的应用受到一定的限制[20-21]。

（4）湍流闭合模型。湍流是大气边界层内污染物扩散的主要因素之一，要模拟好污染物在边界层内的运动情况，就必须将湍流对污染物扩散起的作用表示出来。它是基于梯度输送理论，研究在空间固定点上由于大气湍流运动而引起的污染物浓度通量，属于欧拉方法。

湍流闭合模型以梯度输送理论为研究基础。基于污染物的湍流扩散方程组，寻求方程组中特征物理量的脉动量二阶相关矩（一阶闭合）或三阶相关矩（二阶闭合）与相关变量的独立关系，从而使方程组闭合，再以各种方法求解方程组。在此，prandtl 的垂直输送理论和湍动能（TKE）方程组得到广泛应用。一阶闭合模型包括：用于模拟大气污染控制区和大气质量影响的标准模型 IMPACT；用于模拟复地形大气扩散的 INTERA 模型；用于模拟排放源随时间变化的城市污染物扩散的 PDM 模型等。二阶闭合模型包括：详细考虑烟气热浮力的 ARAP 模型；模拟水汽输运及有湿度和凝结过程的湍流作用对一个大冷湖的环境影响的 Arginne 模型等[22-23]。

湍流动能闭合模型的依据是梯度输送理论，扩散方程仅仅在烟流尺度大于占优势的湍涡尺度时才正确，因此只有当污染物散布范围超过几百公尺以后才能应用。一阶闭合模型比较简单，但是不够精确，不能很好地模拟湍流作用；在数值模型求解的有限差分方法中经常出现人为耗散和负值浓度，这些都是难以处理的问题。在三维情况下，这种方法受到计算机存储量的限制。空间分辨率是有限的，提高分辨率，就要减少时间步长，加大计算时间。

（5）CMAQ（Models-3）模型。Models-3 为 Third-Generation Air Quality Modeling System 的通称，由美国 EPA 于 1998 年 6 月首次公布。Models-3 将各种模拟复杂大气物理、化学过程的模型系统化，以应用于环境影响评价及决策分析而发展的系统。它是适用于城市和区域尺度对流层 $O_3$、酸沉降、能见度、细粒子及其他污染物的大气质量模拟系统。模型设计要达到两个目标：环境管理部门可以评估管理方案、措施在不同范围尺度对多种污染物的大气质量影响；为科学家提供更好的探知、理解和模拟大气中的物理、化学相互作用的手段。

Models-3 的核心被称为 Community Multi-scale Air Quality（CMAQ）Modeling System，亦可称为 Models-3/CMAQ 模型。CMAQ 最初的设计目的在于将复杂的大气污染情况如对流层的臭氧、PM、毒化物、酸沉降及能见度等问题综合处理。CMAQ 设计为多层次网格模型。所谓多层次网格，即将模拟的区域分成大小不同的网格范围来分别进行，与 urban air quality 或 regional air quality 并不相同。它是在实际的模拟区域之外，首先以较粗的网格进行模拟，以取得细网格的边界条件，进而使细网格的准确度提高。这样做有两个好处：第一，在粗网格时总网格数变少，运算时间得以有效的减少；第二，在细网格部分，由于边界层条件由外层网格所提供，而非固定值，这可以增加网格的准确度[24]。

Models-3 模型结构严谨，体系完整，但系统也十分灵活，可以根据研究的需要选择适合的模型并加入其模型体系，而且该模式与应用软件的结合良好。这既方便科学研究，也较易满足环境管理部门的应用需要，该模型是进行大气质量预测的良好选择，将得到广泛的应用[25-26]。

（6）CAMx。CAMx（Comprehensive Air Quality Model with Extension）是三维网格欧拉光化学模型[27]。该模型采用质量守恒大气扩散方程，以有限差分三维网格为架构，可模拟气态与粒状污染物（模拟的范围可从城市至大尺度区域）。通过求解各物种的欧拉连续方程式，CAMx 可模拟污染物在大气中经排放、扩散、化学反应及沉降去除等作用[28]。在湍流闭合方面，CAMx 和其他模型一样，皆采取一阶闭合的 $K$ 值湍流扩散系数方式进行。CAMx 采用 state of the art 的光化学网格模型技术，包括双向嵌套网格机制、细网格尺度网格内烟流模块（subgrid scale Plume-in-Grid module PiG）、快速的化学运算模块、干湿沉降等。

CAMx 是美国环境技术公司持续发展的三维区域性光化学烟雾模型，主要用于美国国家及各州环保局，为各级主管机构制订大气品质管理计划提供科学依据。CAMx 模型除用于臭氧、二次气溶胶等光化学烟雾研究外，亦可用于污染物（包括各类型汞污染物）的干、湿沉降量，以解析酸性沉降对环境造成的影响。CAMx 除应用在美国东西部臭氧与烟雾（haze）及能见度的模拟与防治工作外，还在我国台湾等地的大气质量预报中得到应用[29]。

（7）APOPS-IAP 模型。中国科学院大气物理研究所自主开发的 APOPS-IAP 模型，在国内处于领先水平。该模型针对北京特定的气象条件以及地理位置等做了相应的参数调整，并经过一定的研究及检验工作（曾在北京、郑州、台北、东京等地使用），事实证明，此模型能够较为准确地反映出区域特有的环境信息，具有一定的实用价值。

（8）NAQPMS。嵌套网格大气质量预报模型系统（Nested Air Quality Prediction Modeling System，NAQPMS）是由中国科学院大气物理研究所自主研发的。该模型系统经历了近 20 年的发展，是通过集成自主开发的一系列城市、区域尺度大气质量模型发展而成的。该模型不但可以研究区域尺度的大气污染问题，而且可以研究城市尺度的大气质量等问题的发生机理及其变化规律，此外还可以研究不同尺度之间的相互影响过程。该模型是研究污染物排放量、气象条件、化学转化和干湿清除之间相互作用的重要工具，可以为环境决策部分提供科学的污染排放控制对策[30]。NAQPMS 模型系统已经广泛应用于硫氧化物跨国输送，沙尘起沙、输送和沉降模拟，酸雨对环境的影响研究，臭氧模拟，以及城市、区域等尺度上的大气质量模拟研究，并成功实现了业务上的广泛应用。该模型还被用来研究海陆风过程的演变情况[31]，并取得了较好的效果。

### 1.2.3　气象模型准确性与集成研究

近年来，大气质量模型成为大气环境研究的重要工具。在众多大气质量模型中，CMAQ[32-33]、CAMx、wrf-chem[34]等都受到了广泛的关注，大大提高了模拟的精度[35-36]，但是模型仍在精度方面存在着明显的不足。为了提高模拟效果，科学家们主要在三方面进行了研究：①提高大气质量模型的模拟精度，如将大气质量原理由最初的 CB04 发展到了后来的 CB05，这个过程增加了污染源种类及化学反应方程，更加清晰地调整了颗粒污染物及气态污染物之间的转换关系[37]。②提高源输入场精度：davie street 等多年来不断地提高污染源清单的分辨率；我国也对各个省市的污染源清单进行了细化，具体到各县级别，重点研究地区具体到了乡镇级别；另外，用污染源反向识别技术来反向调节污染源清单[38-39]，并进行优化计算[40]。③提高气象输入场的模拟效果[41]。前两种方法的前提是已经建立了较好的气象模拟场，第三种方法重点从提高气象场的模拟效果方面来实现大气质量模拟效果的提高，该方法是前两种方法的基础。

中尺度气象数值模型发展到现在，已经包含比较详细的物理过程，并且每一物理过程都包含几种可选的参数化方案。每一种方案都有其独自的优点，针对不同的预报对象各有优势。在模型建立时，可以通过对比不同参数化方案确定最合理的模型设置方案[42]，从而得到较好的模拟效果。目前关于 MM5 模拟效果的研究多集中于特定物理参数化方案的模型，或者关注于统计评估方法[43]，对于不同 PBL 参数化方案的研究评估不多，如 Mao 等[44]用 36km 格点评估了美国大陆冬夏两季的 5 种 PBL 方案的模拟效果；Han 等[45]用 45km 格点评估了对中国夏季 5 日各种 PBL 方案的模拟效果；李莉等[46]研究了重污染过程中不同参数化方案的影响，得出了适合中国华北地区的最佳参数化方案。气象模型模拟带来的误差，除上述模型自身的参数化方案影响外，还受以下因素影响：①FDDA 四维同化可以提高模拟精度，但由于监测站点太少、监测时间间隔较大，仍有相当的模拟误差；②气象模型在模拟一些极端天气情况时，可能存在着问题，如静风情况等很难模拟。

许多方法被用来提高气象场的模拟效果，主要可分为两部分：

（1）从机理上对气象模型进行改进。这方面的研究较多，如增加若干控制方程，增加数据同化系统等[47]，对云方案及参数进行改进等，但这方面研究需要大量的实验作基础，而且也属于气象学家的研究范畴。

（2）由于不同的气象模型会有不同的模拟效果，可集成或者整合应用模型。气象模型集成预报在气象研究领域中较为多见，在气象模拟中，如果单一考虑一组方案是不够的，而集成预报方法能客观综合所有方案对同一对象的预报信息，从而在某种程度上改善这种情况。气象研究领域中，较成熟的有多模型温度集成预报方案、多模型降雨预报集成方案等。关于大气质量模拟的气象输入场的集成研究较少，目前集成方法主要有两种，统计集成和不同尺度的模型应用集成。统计集成首先评估各气象模型在不同天气过程中的模拟准确度，并在不同天气过程中采用不同的权重系数来实现模型的集成；基于不同尺度的模型集成，利用各气象模型在不同尺度上的模拟优势进行嵌套处理，如利用 ARPS 在中小尺度上的模拟优越性，以 MM5 作为外层网格、ARPS 作为内层网格进行模拟的集成[48]。但是，这样的提高程度也是有限的。因为模型针对不同的地形因素[49]、季节特点因素、尺度因素等[50-51]都各有优点，需要进行大量的比较工作，耗时耗力。

因此，为了更好地提高气象模型输入场的模拟效果，需要引入一种智能化方法对不同模型的模拟效果进行集成，以达到最好的效果。人工神经网络技术作为一种智能化研究方法，在各项研究中有广泛的应用。人工神经网络是一种模拟动物神经网络行为的特征，进行分布式并行信息处理的算法数学模型。这种网络依靠系统的复杂程度，通过调整内部大量节点之间相互连接的关系，达到处理信息的目的。人工神经网络具有自学习和自适应的能力，可以通过预先提供的一批相互对应的输入-输出数据，分析、掌握两者之间潜在的规律，最终根据这些规律去处理信息。人工神经网络是并行分布式系统，采用了与传统人工智能和信息处理技术完全不同的机理，克服了传统的基于逻辑符号的人工智能在处理直觉、非结构化信息方面的缺陷，具有自适应、自组织和实时学习的特点。人工神经网络方法已经在风速预测[52]及大气污染物预测方面获得了成功的应用[53-54]，但是很少有关注利用神经网络提高大气质量模型气象输入场模拟精度方面的研究。本书研究的城市尺度大气环境管理平台将利用神经网络来集成两种中尺度气象模型 MM5 和 WRF 的模拟结果，从而提高大气质量模型的气象输入场的模拟精度。

## 1.3 城市大气环境管理平台应用概述

### 1.3.1 在污染贡献敏感性分析中的应用

在城市大气环境总量控制研究中，除了环境容量优化利用、环境功能区差异、污染集中控制、清洁生产外，敏感源的筛选是非常关键的。所谓敏感源，是指大气污染排放量非常大、对城市大气环境具有显著影响的点源[55]。

国内外对敏感源的筛选，主要集中在两方面：一是看这些点源的排放贡献率，分别计算点源对周围环境的贡献率[56]，从而确定出贡献率较大的点源，为环境治理决策提供依据；二是考虑到污染源的布局，在满足合理可行的总量控制指标时，如果该点源的污染物排放仍造成显著的环境污染，则需要考虑其布局是否合理。以往的研究认为，位于城市上风向的大型点源，对城市的污染物浓度影响可能是显著的、全局的[57]，但是环境是一个开放的复杂系统，污染物通过长距离输送后，又返回这些地区造成污染[58-59]。所以在研究污染源的布局时，敏感区域的筛选尤为重要，尤其对正要进行工业规划建设的城镇，研究如何将可以带来经济效益的污染源置于合理的位置，是十分必要的。确定污染贡献的方法有两种：一种是统计学方法，如一些研究利用多元线性回归[60]及统计学分析方法[61-62]确定对颗粒物源的贡献敏感性研究；另一种则为模型模拟的方法。

由于规划者有不断增长的需求和兴趣，许多可以模拟大气迁移转化和大气污染物去除过程的模型系统被研发出来，用来确定主要排放源和评价该区域的污染贡献的敏感性。高斯烟羽模型、ISCST-3[63]和多维多箱模型被用来评价排放源对环境的影响，并判断选址是否正确。在研究中，基于风速和风向因素的污染系数玫瑰方法也常用来分析选址的合理性[64]。

随着计算机技术的快速发展，一些基于多源和多种气象条件的模型被用来分析源对大气质量的影响。在城市大气环境规划与管理中，应用先进的三维化学模型是一种趋势。其他模型如 Model-3/CMAQ、CAMx、WRF-CHEM 等模型[65]，可以计算真实气象条件下大小不同网格的小时浓度，但三维大气模型的时间尺度、空间尺度更加精细。目前，应用三维大气模型进行污染贡献敏感分析的影响研究很多[66]：如陈东升等利用大气质量模型讨论了北京及其周边省市的污染相互贡献作用；孟晓艳[67]等研究了北京及其周边地区冬季 $SO_2$ 的变化与输送特征；程水源等人[68]使用 MM5-ARPS-CMAQ 耦合模型研究北京周围各种排放源对北京 $PM_{10}$ 的浓度贡献，并提出了从排放源头减量的两个策略；Shimadera 等[69]应用 MM5-CMAQ 模型估计了 2005 年 3 月的一次来自其他亚洲国家大气污染物的雾水离子浓度对日本跨界贡献运送，发现跨界大气污染影响雨水中的气溶胶和离子浓度，以及雾中的离子浓度；Masahide 等[70]研究了 $SO_2$ 及硫酸根的区域迁移转换规律；Borrego 等[71]用 MM5-CAMx 耦合模型模拟了巴西阿雷格里市的地面臭氧浓度，并识别了光化学污染的重要来源；Lee 等[72]用 MM5-CAMx 模拟了复杂地形 Santa Claria 峡谷的大气污染物输送及循环情况；Titov 等[73]采用 MM5-CAMx 模型预测了新西兰克赖斯特彻奇市重污染阶段的 $PM_{10}$ 浓度分布及污染贡献情况。这些研究均为大气污染的跨地区协同控制策略的制订提供了科学依据。然而，基于协同控制策略的各城市之间的政策协调问题较难实现。城市管理者迫切需要城市尺度的大气污染及相互贡献研究成果，以期为环境规划与管理方案的制订提供依据。

在区域大气环境容量与总量控制方面均有对污染贡献系数矩阵的研究，近年出现的一些大气质量模型使源-受体之间关系的计算成为可能。肖杨等[74]利用大气质量模型 ADMS 建立了北京市通州区各控制点污染物排放量与环境质量之间的关系；周昊等[75]利用 CALPUFF 计算了污染影响矩阵，确定了辽宁省中部城市群的 $SO_2$ 总量分配；国外也有相关报道[76]。受模型限制，以上这些研究只能给出某一控制区域的相互影响贡献系数矩阵，且每个受体点须单独计算，如程水源等人研究了四个周围地区对北京的贡献，所以计算了四次，如果进行多网格相互贡献研究，计算量巨大以致多方案难以实现。

为了克服这种限制，CAMx 中的臭氧来源解析技术（OSAT）和源解析技术（PSAT）已用于确定源解析和源对受体的贡献敏感性分析。CAMx 的源识别模块突破了以往单个源、单受体点需计算一次的限制，可同时进行多源-多受体的源贡献识别，极大地提升了计算速度。同时，网格化结果也为统计分析提供了更多样本，从而通过 GIS 可视化技术对研究成果进行直观显示。Dunker 等[77]使用 OSAT 估计不同来源对臭氧浓度的贡献。PSAT 则可以有效地评估气体或 PM 污染源的贡献敏感性。Kristina 等[78]，用 PSAT 设计了一个有效的计算颗粒物的分配算法；Koo 等[79]通过 PSAT 比较了两种不同的计算方法的颗粒物浓度及排放源之间的关系。此外，还有一些其他计算方法，如 Ying 等人[80]利用 CMAQ 评估了严重污染事件期间外来空降颗粒污染物对加州中部区域的贡献，评估了重点排放源的影响，以帮助地方当局提高处理区域性大气污染问题的效率。然而，以往很多研究中重点研究了现有排放源对大气污染物浓度的贡献，事实上，判断该区域的潜在贡献对政府制定长远的环境管理决策具有重要意义。相同排放率的污染源在某区域对大气污染物的贡献可能会比其在其他区域高得多，这和地表特征和气象条件有关。为此，有必要在前人研究的基础上，深入研究基于小分辨率区域（9km 网格）和地理信息系统可视化技术的污染敏感贡献方法，以确定相同排放量下对城市大气质量影响较大的敏感区域，用来帮助政府决策和排放源排放位置的合理性。

由于城市点源高度不同，对地面浓度的影响贡献也不同，三维污染贡献分析将通过不同高度来判断各区域的环境自净能力，以作为不同高度层点源排放的依据[81]。CAMx 可以同时实现源-受体关系的多方案计算，为此使得城市三维计算成为可能，这也是本大气环境管理平台的重要应用内容之一。

### 1.3.2　在环境规划与达标控制中的应用

（1）城市大气环境容量的计算。大气环境承载力分析，是环境管理的重要内容，涉及研究地区的可持续发展问题。大气环境承载力分析又以环境容量分析为基础。环境容量由两类因素决定：一类是自然因素，即污染物在大气中的输送、扩散、干湿沉积以及各种化学清除与转化过程等；另一类是社会因素，包括污染源的布局、污染物的种类与排放方式、控制点的选取、环境目标值的确定等。环境容量是指对一定地区，根据其自然净化能力，在特定的污染源布局和结构下，为达到环境目标值所允许的大气污染物最大排放量。

通常可以采用对应的国家或地方环境大气质量标准作为环境容量的目标值。目前比较热门的研究方法是通过数值模拟方法，即通过一定的气象模型和大气质量模型来模拟气象条件及污染物扩散条件，从而计算各污染物在一定条件下满足排放标准的容许排放量。目前，关于环境容量的计算方法很多，用 A-P 值法[82]来计算环境容量的方法应用最广，也最成熟。第二代大气质量模型如 ADMS、ISC3 模型、多箱模型等[83]，可与优化规划相结合，实现基于总量控制的环境容量计算。Mcdonald 等人[84]在 1996 年对加拿大 Alberta 地区 $SO_2$ 的沉积和通量进行研究时，应用箱式和烟云复合模型对该区域的环境容量进行了探讨。Hides 等人在澳大利亚悉尼的交通发展战略对大气环境影响预测方法的过程研究中核算了该区域的大气环境容量。然而，受自身模型的限制，以往的环境容量研究多基于统计方法来进行，即通过选取典型日、典型时段来计算大气环境容量，不能反映真实情况下的四季变化特征。随着计算机技术的发展，第三代大气质量模型在大气环境容量计算中得到了很好的应用。Goyal[85]利用透风系数法和冬夏两季的微气象参数计算方法，直接按比例得出了大气环境容量；用第三代大气质量模型计算污染贡献情况，得出了大气环境容量。

国内环境容量计算的研究情况也较完善。任阵海院士早在 20 世纪 90 年代就在该领域开展研究和探索，为我国大气环境容量理论的创立打下了良好的基础。中国科学院寒区旱区环境与工程研究所利用 RAMS 三维非流体静力大气动力模型模拟的气象场驱动中尺度大气扩散模型（HYPACT），模拟出 $SO_2$ 的浓度分布及每个污染单元对地面浓度的分担率；根据 $SO_2$ 的国家环境大气质量标准，用线性规划的原理和方法计算了兰州市冬季典型日条件下 $SO_2$ 的大气环境容量，为大气污染的总量控制方法提供了前提和依据。沈阳市环保局应用 ADMS-城市大气环境模型对 $SO_2$ 和 TSP 的大气环境容量进行了估算[86]，为本区域的大气质量达标规划优化提供较好的技术支持，为政府对大气污染控制方案的实施提供科学依据。安兴琴[87]等利用 RAMS 得出各污染单元 $SO_2$ 的相互贡献系数，并代入优化方程确定了各单元均满足大气质量标准下的环境容量。以上方法优点很多，缺点是不能反映环境容量与达标率之间的关系。即使污染物排放量在环境容量允许范围之内，由于 1 月、4 月、7 月、10 月相同污染物排放量造成的污染浓度贡献差异，很可能出现 1 月大气质量达标率不高的现象[88]。为了适应高时空分辨率的大气质量模型，环境容量的计算也应相应地细化，以反映时变特征。程水源教授将高斯模型与多维多箱模型相结合，成功应用于唐山市大气环境容量的研究，取得令人满意的结果。李韧等利用多维多箱模型提出了基于试差法的不同达标率下的唐山市区环境容量计算[89]。不同达标率下的大气环境容量计算在《北京市大气质量达标战略研究》项目第三课题《影响北京市大气环境质量的重要因素以及大气环境容量研究》中也得到了成功应用，研究中利用中尺度气象模型 MM5、ARPS 和大气质量模型 Models-3 计算了北京市各达标率的大气环境容量[90]。所有这些国内外对大气环境容量的研究成果都为本课题的顺利开展打下了坚实的基础，为决策部门出台大气污染达标控制方案提供了可靠的科学依据。

本研究的城市尺度大气环境管理平台在前人研究的基础上，计算了不同达标率情况的城市大气环境容量，并具体分析了四季容量变化情况，提出了间歇性污染控制策略构想。同时，基于 CAMx 的快速污染贡献敏感性方法，建立了网格化大气环境容量计算方法，实现了多目标层次环境容量的预测。

（2）PCA 和 CCA 方法。气象因素、地形因素等对污染物扩散的影响作用显著[91-92]，统计学方法中，主成分分析及典型相关分析被用来研究各种因素与污染物的相互关系。

主成分分析（PCA）用来在多种变量中找出最主要的成分。主成分分析的主要目标是用最小的成分表示最大的情况[93-94]。如在 PBL 的高度、2m 温度（$T_{2m}$）、10m 处风速（$WS_{10}$）、10m 处风向（$WD_{10}$）、海平面气压（PSLV）和相对湿度（RH）中寻找能代表这一时间段的最重要的气象因素组成[95]。

典型相关分析（CCA）可以得出可能存在的关系，是建立在一组变量之间的相关性最高的结果[96]。对可能有潜在相关性的因素进行分析，能用来找到典型相关特征。

用主成分分析方法能够较好地揭示污染物浓度与气象要素两组数据之间的关系。沈家芬等[97]将该方法用于污染物数据分析，所得到的主成分分别代表机动车污染源（汽油燃烧）和工业污染源（工业燃煤燃油）；用于气象要素数据分析，表明大气的温度、湿度及对流速度对大气污染影响较大，气温高、大气对流速度快、降水多对大气的净化作用较明显；用于污染物和气象要素数据分析，表明气温高低和大气干湿程度对大气污染的影响较大。污染物与气象要素两组数据之间的典型相关分析表明污染物浓度与气象要素之间存在显著的相关关系，温度和风速对气态污染物浓度有显著影响。本研究的城市尺度大气环境管理平台将采用该方法研究与区域污染贡献相关的气象、地形等因素的关系。

（3）最优化方法。最优化方法是现代运筹学的一个重要分支。它所研究的中心问题是：如何根据系统的特性去选择满足控制规律的参数，使得系统按照要求运转或工作，同时使系统的性能或指标达到最优。最优化问题往往具有三个基本要素：一是问题的变量，就是系统中可以改变的参数；二是问题受到的约束，也就是问题必须满足的条件；三是问题的目标，即衡量该设计或控制的好坏的标准。在科学试验、生产技术改进、工程设计和生产计划管理、社会经济问题中，人们总希望采取种种措施，以便在有限的资源条件下和规定的约束条件下得到最满意的效果。最优化方法就是在解决某一问题时，为了从各种可供选择的方案中确定一个能够最好地满足既定目标的方案所采用的科学方法。

20 世纪 50 年代开始，随着数学建模和计算技术的发展，最优化方法在工程领域得到了蓬勃的发展，理论和算法也日趋完善。事实上，许多科学方法的发展都源自自然的启示和社会发展的需求，最优化方法也不例外。

首先是工程的需求。从 20 世纪 50 年代末起，航空航天领域进入快速发展时期，原子能的应用、对海洋的探索，都要求系统能承受高温、高压、高速等环境的同时还必须轻质、能耗低、控制精确，以经验和直觉为主的控制和设计方法已经难以满足工程的要求，苛刻的条件和迫切的需求呼唤新的、更精确的理论和方法[98]。

其次是数学理论的发展和完善。线性规划、整数规划、动态规划、非线性规划等求解优化模型的算法相继提出并求解，使优化在处理大规模的问题时有了严格的数学基础。随着最优化涉及的工程问题的规模越来越大、求解越来越困难，近年来又发展出模仿生物进化的遗传进化算法、模仿神经系统工作运行的神经网络方法等，而且新的更有效的算法仍在进一步发展之中。总之，数学的发展使最优化问题变得可解，而最优化问题在求解的同时也促进了数学的发展。

线性优化模型是环境规划中的常用模型，将环境的复杂性和不确定性真实地反映出来。模型将环境防治措施的各种因素参数化，建立起目标方程（以投资费用为目标）、约束方程，然后求解，这样可达到最优的经济消费、最大的环境效果[99]。另外，离散规划及多目标优化等方法在环境规划中也得到了一些应用[100]。

（4）国外环境质量管理。Woodfield 等[101]描述了区域协同控制在英国多地区的大气质量管理中的应用，具体内容如下：确定了英国近三分之一的地区为大气质量管理区（AQMAs），管理区的重点是在法规中指明的日期实施协同策略以降低指定污染物的浓度。当地政府在中央政府指导下使用模型和监测工具，作为地方大气质量审查和评估的一部分，但是，使用的各种工具和调查结果的解释都不一致。因此，AQMAs 在形式和决策上都没有得到统一。全国很多地方当局通过工作组合作的形式，分享了经验和资源。Woodfield 等调查了三个区域分组（伦敦、西中部和西南的 Avon 区）的协作情况，分析了当地的大气质量管理决策和 AQMAs 指定的变化。

Elbir 等[102]应用 CALPUFF 建立了土耳其首都伊斯坦布尔的城市大气质量决策支持系统，分析了当地的污染状况，并提出该系统可以评估污染削减政策。

Longhurst 等[103]研究了如何建立有效的大气质量管理政策，认为大气污染控制和管理的研究趋势，不应完全聚焦于城市环境大气污染管理的内容研究，还应考虑一系列大气污染控制策略的建立和实施问题。Longhurst 等在对英国 50 年大气质量管理研究的范围、问题和挑战的评估中提出了应探索研究和实施更有效的管理方法。

（5）国内大气污染物总量控制方法体系。大气污染物总量控制实施的一般方法是：首先应取得在空间和时间上具有代表性、能准确反映该地区大气环境质量的监测数据，并根据监测数据确定总量控制区域及其范围；其次应选择适合该地区的大气污染扩散模型，在对污染源调查的基础上建立适合该区域大气污染物排放量与大气环境质量间的定量响应关系；按区域大气环境容量和大气环境质量目标要求计算出污染物允许排放量和削减量，并按照一定的总量分配原则，将这一控制负荷分配到源，从而达到总量控制的目的。总量控制方法有 A-P 值法、多源模型法。其中，A-P 值法是根据箱式模型导出的总量控制 A 值法，首先由控制区及各功能分区的面积大小给出控制区域总允许排放量，再配合《制定地方大气污染物排放标准的技术方法》（GB/T 3840—1991）中点源排放 P 值法对点源实行具体控制；多源模型方法又分为污染源的基础允许排放量和削减量的计算，平权允许排放量和削减量的计算等。

目前国内具有代表性的研究是中国环境科学研究院进行的区域大气污染物总量控制技术[104]。该技术分析了我国的大气环境问题和特征，剖析了大气污染的成因；重点介绍了区域大气污染物总量控制技术研究中，大气污染物排放清单的编制技术，多尺度的大气质量模拟技术，基于现代控制理论的大气环境容量优化技术，基于环境容量和排放绩效的总量分配技术，多种总量监控方法，科学有效的总量控制管理机制和规则等的关键技术、技术突破、主要研究与理论创新及成果的应用与示范；紧密结合国家大气环境质量管理和大气污染控制的需要，提出了我国大气环境管理政策和大气环境科学研究的建议。

国家已有的科技攻关项目也对大气污染总量控制进行过较为全面的研究，主要包括以下 5 点内容。①建立大气污染物排放量核定方法。②大气环境质量模型系统的建立及示范应用——探索建立一套适用于不同尺度、不同污染物的大气质量模型体系，并进行了示范区域的检验和校正。③核算大气环境容量，研究全国—大区域—城市—小城市或开发区等不同尺度的大气环境容量优化模型及相关参数指标体系（包括环境质量目标、临界负荷目标、控制技术及控制费用等）。④大气污染物总量控制指标分配原则及技术方法研究中，分别从国家、区域（省内或省际）以及城市 3 个层次提出大气污染物总量控制指标分配原则和技术方法，并根据这些方法进行了电力行业大气污染总量分配的研究。⑤在大气污染物排放总量监控技术中，借鉴美国大气污染物排放监控技术，从 $SO_2$ 和 $NO_x$ 排放监控、城市环境污染源排放监控等不同层面提出了适合我国实际情况的不同类型污染源、不同污染物排放总量监控技术。例如酸雨控制源由中央政府监控，而城市大气质量控制由各城市自主决定控制力度和手段。

多年来，经济快速增长的同时未重视环保问题，导致中国许多工业城市出现了严重的大气污染问题。大气污染总量控制是解决该问题的有效方法之一，该方法能够给出功能分区，如工业区等。通常情况下，规划者会改变现行环境规划或建立未来几年的新规划，如一些污染源要关闭，一些则必须转移到较低污染贡献的区域。例如，为改善首都的大气质量，特别是实现 2008 年奥运会良好大气质量的承诺，首都钢铁公司迁往唐山曹妃甸。因此，评估各区域的大气污染贡献，并与环境规划相结合是一种有效的大气污染管制方法。在总量控制研究中，酸雨控制策略及气溶胶研究中，均涉及各种约束条件[105-106]，这些研究属于较大尺度的区域间污染[107] 传输，给区域协同控制策略提供了支持。本书给出了城市尺度大气环境管理平台在区域大气质量与污染贡献敏感性相结合的优化控制方法。

# 第 2 章　城市大气环境管理平台的组成

本章介绍了城市大气环境管理平台模块组成情况，并以重工业城市唐山市为例给出了城市大气环境管理平台的搭建方法；介绍了相关数据收集内容及方法，并建立了基于乡镇分辨率的大气污染源清单；介绍了气象模型智能化集成方法、原理及模型集成程序设计；分析了 SPREAD 参数与控制区域之间、控制区域的选取对集成效果的影响；通过与 MM5、WRF 模型的对比，全面分析了气象模型智能化集成的模拟效果，并对比分析了三种气象模型与 CMAQ/CAMx 相耦合的大气质量模拟结果；选取最优集成气象模型与大气质量模型相耦合，搭建了城市大气环境质量管理平台。

## 2.1　城市大气环境管理平台建设内容

选取重工业城市唐山为中心，在气象模型优化集成的基础上，构建符合该地区条件的城市大气环境管理平台。通过平台的模拟，综合研究该地区的大气环境质量规律，全方位和多层次地辨识大气环境污染影响因素，定量分析大气污染与各类污染源之间的相互关系，并充分考虑地形、方位因素，解析和模拟污染物在京津唐城市间的大气环境中的迁移转化规律。在此基础上通过优化规划方法确定该模拟区域的环境总量控制方案，同时实现敏感源识别及敏感区域的筛选，从而为唐山市及京津唐地区大气污染的解决提供科学依据。笔者将大气环境质量管理平台开发为模块系统，并重点进行以下四方面的研究及应用。

（1）采用 RBF 人工神经网络技术对中尺度气象模型 MM5、WRF 进行智能化集成，改善气象模型的模拟结果，并与大气质量模型相耦合，构建大气环境质量管理平台。

（2）利用该平台进行敏感源的筛选，同时利用平台的快速污染敏感贡献模块筛选对城市不同控制区域的污染敏感贡献区域，并进行三维污染敏感贡献性研究，为城市环境规划管理提供依据。

（3）利用该平台进行不同达标率下的大气环境容量计算，并用敏感计算结果修正规划约束方程，以得到不同达标率下的最佳污染削减量；同时利用平台的快速污染敏感贡献模块得出网格化的大气环境容量，并实现可视化，为城市环境规划管理提供直观的依据。

（4）利用该平台研究区域污染物的输送特征，为城市协同化管理提供科学依据。

## 2.2　典型重工业城市唐山市概况

（1）位置及地形地貌。唐山市位于河北省东部，华北平原东部，地处华北通向东北的咽喉要道，东隔滦河与秦皇岛市相望，西与天津市毗邻，南临渤海，北依燕山隔长城与承德地区接壤，东西广约 130km，南北袤约 150km，总面积为 13472km²。地理坐标为东经 117°31′ 至 119°19′，北纬 38°55′ 至 40°28′。其中，唐山市城区位于唐山市中部，东、北与滦县交界，南与丰南县接壤，西与丰润县毗邻。东至秦皇岛 125km，南距渤海 40km，西南至天津

108km，至省会石家庄 366km，西北至北京 154km。

唐山市地处燕山南麓，地势北高南低，自西、西北向东及东南趋向平缓，直至沿海。北部和东北部多山地和盆地（遵化、迁安），海拔在 300～600m 之间；中部为燕山山前平原，区内分布有人工地貌，海拔在 50m 以下，地势平坦；南部和西部为滨海盐碱地和洼地草泊，海拔在 15m 及 10m 以下。

（2）当地气候。唐山市气候属于暖温带半湿润季风型大陆性气候，背山临海，地形复杂，地方气候多样，具有冬干、夏湿、降水集中、季风显著、四季分明等特点。年度日照时间为 2600～2900h，市各县（市）的多年年平均气温在 10～11.3℃ 之间。唐山市的风随季节变化而变化的规律性很明显：冬季，受西伯利亚附近较强冷气团影响，盛行西北风；夏季，受海洋暖湿气团影响，盛吹偏南风；春秋两季是冬季风和夏季风的过渡季节，风向多变。唐山市各县（市）年平均降水量在 620～750mm 之间。由于受季风影响，雨量季节变化大，分布不均。降水主要集中在 7 月至 8 月，两个月的降水量占全年总降水量的 60% 左右，而 12 月至 2 月三个月的降水量只占全年的 2.2%。降水的年际变化也大，少雨年个别站年降水量才 258mm，而多雨年个别站曾多达 1244mm。冰雹天气主要集中在夏季，约占全年降雹总次数的 60%。冰雹天气多发生在北部山区及山前平原区，而南部比较少见。

唐山市四季划分及气候特点如下。①春季：3 月中旬开始，6 月上旬结束。风速大（平均为 3～5m/s），大风日数多，季平均为 5～9 次，乐亭一带大风最多，季平均 14 次。就全市而言，春季大风日数可占全年的一半；尤其以 4 月大风最多。降水少，蒸发量大、气温回升快，气候干燥。②夏季：6 月下旬至 8 月末，气温最高时有数日超过 35℃，其中 7 月为最热月，全市平均气温为 25.2℃。夏季的主要气候特点是：高温、高湿、降水量大且降水次数多，多暴雨、冰雹、雷雨大风等灾害性天气。7 月至 8 月平均相对湿度达 80% 以上。夏季各县（市）降水量在 490～560mm 之间，占全年降水总量的 74.3%。降水年际变化大，常有旱涝灾害发生。③秋季：8 月末开始至 11 月末，平均气温为 11.7℃，多晴好天气，风速小，空气凉爽，北方冷大气频频南侵，气温降低快，易产生初霜冻灾害性天气，降水明显减少，各县（市）季平均降水量在 70～110mm 之间，全市平均为 84.6mm，占全年总降水量的 12.4%。④冬季：11 月下旬开始到 3 月上旬结束，1 月为最冷月，全市平均气温为 －6.4℃，极端最低气温曾达 －28.2℃。气候寒冷、干燥、降水稀少、盛吹西到西北风，季平均风速为 3m/s。各地季降水量在 11～19mm 之间，全市平均为 14.5mm，占全年总降水量的 2.2%，降雪量少。

（3）自然资源。唐山市植被资源丰富，全市植被资源以林地、耕地为主，2006 年，唐山市年耕地面积达 563569hm²。

唐山市矿产资源品种较齐全，已发现并探明储量的矿藏有 50 余种。全市蕴藏着丰富的铁矿资源，其保有量为 62 亿 t，次于鞍山，多于攀枝花，为国家三大铁矿集中区之一，境内蕴藏着丰富的金矿资源，主要分布在遵化、迁西两县。金矿开采历史悠久，已探的唐山地区黄金储量为 78543kg。唐山市含锰地层为长城系高于庄组的中下部，储量达 21.37 万 t。唐山还有银矿、铜矿、铝土矿、钼矿、锡矿、汞矿等多种金属矿产。另外，唐山市还有大量的非金属矿产，主要有石灰岩、白云岩、石英砂岩、耐火黏土、铁矾土、油石、柘榴石、石墨、油泡石黏土等。

（4）行政区划、人口及经济。唐山市共辖六区、八县（市）、六个开发区。六区为路北区、路南区、古冶区、开平区、丰南区、丰润区；八县（市）为迁安市、遵化市、迁西县、玉田县、滦县、乐亭县、滦南县、唐海县；六个开发区为高新技术开发区、海港开发区、南堡开发区、芦台经济技术开发区、汉沽管理区和曹妃甸工业区。其中迁安、遵化为县级市。

唐山市总面积为 13472km²，其中市区面积为 3874km²，建成区面积为 150km²；城市中心区由路南区、路北区和开平区组成，面积为 431km²，其中建成区面积为 77km²。全市总人口为 700 多万。唐山市是以煤电为主导，陶瓷、钢铁、食品、建材、机械为辅的工业城市。

（5）工业与能耗。河北省唐山市是一座具有百年历史的沿海重工业城市，也是我国北方重要的工业城市之一。近些年来，其第一、二、三产业均得到高速发展，经济增长迅猛，居民收入和生活水平有很大的提高，主要工业有冶金、煤矿、建材、陶瓷、造纸、纺织、化工及食品加工等行业。这种以高能耗、高排污的重工业为主的产业结构以及以煤炭为主的能源结构，使得唐山市的环境污染随着经济的快速发展而日渐加重。大气污染已成为制约唐山经济可持续发展的一个重要因素。由于近些年的改革重组，首钢在曹妃甸的落户及其他工业在唐山地区的发展，给唐山市的大气环境带来了更大的挑战。政府部门逐步认识到环境污染对人民生活和经济可持续发展带来的危害，并将加强对环境污染物的排放监管和科学规划作为改善人民生活水平、建设社会主义新时期和谐唐山的一项重要任务。

唐山市作为北方地区规模较大的重工业城市，其能源以煤炭、煤气、天然气及各种油类为主。据统计，2006 年唐山市能源最终消费量为 6649.32 万 t 标准煤。煤气、天然气及各种油类的消耗量分别为 20.83 亿 m³、1.32 亿 m³ 及 137.17 万 t。

工业生产中电力、炼焦、钢铁、供热煤炭消耗比重较大，大量直接燃烧原煤和以煤为主的能源结构和工业在能源消费中的比重过大是造成唐山市大气环境污染的重要原因。降低唐山市的总能耗水平，重点在工业，特别是黑色金属冶炼及压延业、炼焦业和电力行业。

（6）环境大气质量概况。唐山市大气污染类型为工业、燃煤、机动车以及扬尘全方位的复合型，大气污染物的主要成分为总悬浮颗粒物、$SO_2$ 和 $NO_x$，其中总悬浮颗粒物占的比重较大，污染物主要来自燃煤设施排放的废气、汽车尾气和城市道路、建筑工地的二次扬尘，在该阶段均未出现酸雨。目前，唐山市污染控制以工业污染控制为主。

唐山市区环境大气质量具有明显的季节性特征：取暖期燃煤量增加和气象因素不利于污染物扩散及春季风沙因素等影响，致使冬季和春季污染物浓度较高，大气质量较差；而夏季和秋季因气象因素利于污染物扩散，污染物浓度较低，大气质量较好。

## 2.3　数据收集及污染源清单建立

### 2.3.1　模型设置

采用三层嵌套网格对选取的典型重工业城市某年的大气环境质量进行模拟，地图投影采用兰勃托投影，三层嵌套区域由内而外分别设置为：所选城市模拟区域采用 3km×3km 网格分辨率，所选城市周边省市模拟区域采用 9km×9km 网格分辨率，最外层区域采用 27km×27km 网格分辨率。选用 WRF 与 MM5 智能集成气象模型模拟各层嵌套的气象流场，用 CMAQ 模拟第二、三层区域大气质量分布。气象模型的输出结果为环境质量模型的模拟提供气象场条件。

以重工业城市唐山为例，建立了区域嵌套示例。唐山市区为 3km×3km 网格分辨率，网格数为 64×58；唐山周边省市（包括北京市、天津市、河北省及山东省、河南省、辽宁省、山西省、内蒙古自治区的部分地区）模拟区域采用 9km×9km 网格分辨率，网格数为 94×82；最外层区域采用 27km×27km 网格分辨率（包括吉林、黑龙江、陕西、湖北、江苏、安徽部分地区），网格数为 64×58。

### 2.3.2 气象数据收集

（1）唐山市区气象台站资料收集。收集了唐山市各区县气象站台 2005—2007 年的温、压、湿、风等各种气象要素资料，用于分析当地污染气象。

（2）气象模型背景资料收集。研究使用的 MM5 和 WRF 模型模型背景场使用 2006 年 NCEP（美国国家环境预报中心）的全球气象资料（空间分辨率为 1°×1°，时间分辨率为 6h）。模型需要的地形及土地利用数据采用 USGS（美国地质勘探）的全球 30s 分辨率地形资料。

（3）气象模型四维同化（FDDA）资料收集。气象模型四维同化指的是在一个能提供时间连续和动力耦合的模型预报方程中，有机地结合现在和过去的各个不同时刻的观测资料。简单地说，就是指把观测值吸收或消化进一个正在运行的预报模型中的过程。

为了提高气象模拟精度，收集了唐山周边地区省市各气象站台基准年（2006 年）的温、压、湿、风等各气象要素资料，时间分辨率为 3h。

### 2.3.3 建立乡镇分辨率的源清单

（1）大气污染源获取与处理方法。大气环境管理平台的基础工作主要是建立污染源清单和收集气象资料。其中，建立污染源清单是对区域性大气污染进行有效管理的前提和关键技术之一。由于区域污染源的复杂性、多变性和不确定性，国内现有的污染源清单误差较大，难以完全满足大气质量管理对排放量的准确性、精度以及时空分布等方面的需求。为了完成基于区、县分辨率的污染源清单建立技术，拟对唐山市的污染源进行拉网式详细调查，建立基于乡、镇的污染源清单。该清单可根据发展规划实现动态更新功能。空间分析是地理信息系统（GIS）区别于其他类型信息系统的主要标志，通过空间分析，在原始数据的基础上可得出特定的结论和新的信息，使原始数据所包含的信息得以外延和扩展。本技术充分利用了 GIS 空间数据分析技术的优势，并将该技术应用于唐山市及其周边省市大气污染源的处理中。本技术的应用得到了唐山市各区县环保局的大力配合，从而对唐山市区域内大气污染源进行了较为详细的基础数据调查与研究，并采用国内外成熟的经验计算方法进行污染物排放量的核算。为了满足将来规划的需要，本次研究建立起来的清单还将具有动态性，可根据不同方案对污染源清单进行调整。基于乡、镇分辨率的源清单建立技术路线图如图 2-1 所示。

由于大气环境管理平台选用 Models-3/CMAQ 作为大气质量模型，污染源数据在输入模型之前需要按实际排放情况处理成相应空间网格数据。采用三层嵌套网格对唐山市 2006 年的大气环境质量进行模拟，地图投影采用兰勃托投影，其中，最内层区域包括整个唐山市，采用 3km×3km 网格分辨率，网格数为 64×58。精确到乡镇的污染源清单调查范围示意图如图 2-2 所示。

（2）唐山市大气污染源清单。污染源清单是本次研究计算的基础。污染源清单质量好坏将直接影响大气环境容量结果的计算和污染控制方案的制定。唐山市大气污染物排放主要包括点源、线源、面源等。为准确模拟唐山市区 2006 年的 $PM_{10}$、$SO_2$ 等大气污染物浓度，考

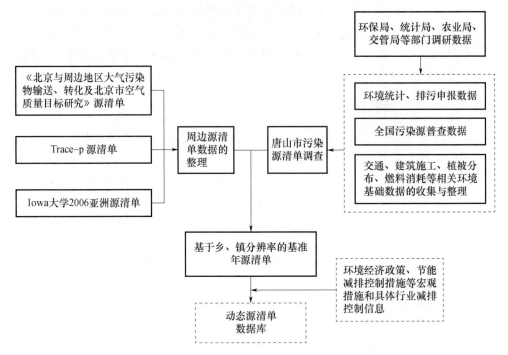

图 2-1　基于乡、镇分辨率的污染源清单建立技术路线图

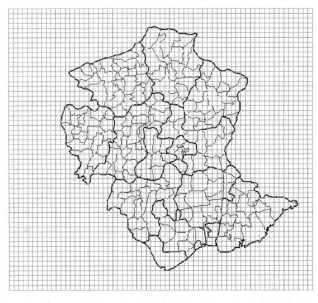

图 2-2　精确到乡镇的污染源清单调查范围示意图

虑到污染物的二次粒子转化问题，制定了唐山市基准年（2006 年）污染源排放清单，包括 PM$_{10}$ 点源（电厂、化工、建材、冶金和其他行业）、面源（施工扬尘、裸地扬尘、料堆扬尘、工业工艺无组织、居民生活、交通扬尘等）、线源（主要是交通机动车排放）污染物排放量数据；SO$_2$ 点源（电厂、化工、建材、冶金和其他行业）、面源（居民生活及面源锅炉等）污染物排放量数据，NO$_x$ 点源（电厂、化工、建材、冶金和其他行业等行业排放）、面源（居民生活以及面源锅炉等）、线源机动车等排放量数据；VOCs 点源、面源以及线源排

放量数据，此外还收集了 CO 等其他污染物排放量数据。

表 2-1 列出了唐山市各区县 2006 年 $PM_{10}$、$SO_2$ 和 $NO_x$ 的排放总量情况。

唐山市 2006 年全年排放 $PM_{10}$ 总量约 31.40 万 t，其中点源排放约 8.64 万 t，面源排放约 22.76 万 t；$SO_2$ 排放总量约 33.38 万 t，其中点源排放约 28.92 万 t，面源排放 4.46 万 t；$NO_x$ 排放总量约 21.26 万 t，其中点源排放约 17.10 万 t，面源排放 4.16 万 t。

表 2-1　唐山市 2006 年 $PM_{10}$、$SO_2$、$NO_x$ 污染物排放量统计表（t/年）

| 序号 | 区县 | $PM_{10}$ | $SO_2$ | $NO_x$ |
|---|---|---|---|---|
| 1 | 丰南 | 50737.96 | 56289.76 | 27800.64 |
| 2 | 丰润 | 19478.81 | 33344.70 | 23424.43 |
| 3 | 古冶区 | 9003.02 | 17237.97 | 10460.57 |
| 4 | 开平区 | 6623.25 | 64035.01 | 35308.20 |
| 5 | 乐亭县 | 15917.33 | 14615.72 | 17441.65 |
| 6 | 路北区 | 12983.81 | 32782.58 | 28129.89 |
| 7 | 路南区 | 1310.42 | 895.13 | 2014.32 |
| 8 | 滦南县 | 33412.08 | 24427.03 | 12023.53 |
| 9 | 滦县 | 8625.15 | 2823.38 | 7778.49 |
| 10 | 迁西县 | 10167.94 | 15603.37 | 6417.41 |
| 11 | 唐海县 | 7077.32 | 2743.46 | 1632.50 |
| 12 | 玉田 | 9633.73 | 2969.69 | 3510.48 |
| 13 | 遵化市 | 17494.71 | 21523.07 | 10887.40 |
| 14 | 迁安 | 111511.91 | 44523.89 | 25783.57 |
| | 总计 | 313977.44 | 333814.76 | 212613.08 |

（3）周边污染源清单。由北京市人民政府、市科委、市环保局启动的《北京市大气质量达标战略研究》，北京工业大学、北京市承担的第三课题（HB200504-3）《区域源排放清单及校验研究报告》（2008）中得到模拟区域北京、天津、河北、内蒙古地区较详细的面源污染源的排放源数据以及具有经纬度坐标的点源排放源数据，作为第二层网格的污染源。该报告从 2003 年开始与河北、山西等地环保部门合作对北京周边省市污染源数据进行了收集，包括工业点源、工业面源、锅炉点源、锅炉面源、交通扬尘、交通排放、施工扬尘、裸露地面扬尘等相关基础数据，在上述资料收集、类比调查的基础上，参考国内外成熟并已经成功应用于华北地区的相关经验公式和污染物排放系数，对上述各种污染物排放量进行核算，得到了周边各省市的污染源清单。唐山周边主要污染因子排放量统计见表 2-2。

表 2-2　周边省市 $PM_{10}$、$SO_2$、$NO_x$ 排放量统计（万 t/年）

| 省市 | $PM_{10}$ | $SO_2$ | $NO_x$ |
|---|---|---|---|
| 北京市 | 19 | 16 | 28 |
| 天津市 | 18 | 20 | 42 |
| 河北省 | 131 | 174 | 138 |
| 内蒙古（部分区域） | 79 | 82 | 65 |

对比表 2-1 和表 2-2 可以看出，唐山市的颗粒污染物及 $SO_2$ 污染物排放量居京津唐城市群之首。唐山市的 $PM_{10}$ 年排放量为 31.4 万 t，比北京市多 13 万 t，比天津市多 14 万 t；唐山市的 $SO_2$ 年排放量为 33.38 万 t，分别比北京、天津多 17 万 t、13 万 t。唐山市的 $PM_{10}$ 年排放量占河北省的 24%，$SO_2$ 年排放量占河北省的 19%，是河北省的污染物排放大户之一。

对模型模拟的计算范围覆盖整个华北和东北大部分地区，所以其他地区采用全球区域环境研究中心（Center for Global and Regional Environmental Research）提供的 2006 年 0.5°（纬度）×0.5°（经度）的亚洲污染源清单数据，作为本次模拟的背景场[108]。

（4）污染源数据库及模型接口。

1）数据库分类。将污染源数据按照点源、面源、线源建立数据库。

① 点源数据库。建立唐山市点源污染源数据库，数据库包括点源代号、经纬度坐标、烟囱高度、排放口直径、排放口烟气排放速度、温度、$PM_{10}$ 年排放量、$PM_{2.5}$ 年排放量、$SO_2$、$NO_x$、VOCs 年排放量以及各点源污染物的月不均匀排放系数和各月、日不均匀排放系数等，数据输入 GIS 软件后生成点源数据库。

② 面源数据库。分别将建筑工地、市政工程、工业无组织、冶金、化工、电力、垃圾、建材、渣土料堆源、工业锅炉、裸地扬尘源、居民生活源等各类面源数据输入 GIS 软件空间矢量地图，创建唐山市及周边省市空间网格图层，以输入面源数据的空间矢量地图图层为目标图层，用空间网格图层对其进行数值处理，处理后空间图层与网格图层间进行查询、合并、更新等模型分析，在空间网格图层属性表生成 $PM_{10}$、$PM_{2.5}$ 和 $SO_2$ 以及 $NO_x$、VOCs 等各类污染源数据库。

③ 线源数据库。交通排放和交通无组织源可分为线源和面源，对细小路网简化为面源处理，在空间网格图层属性表生成 $PM_{10}$、$PM_{2.5}$ 以及 $NO_x$、VOCs 等各类污染源数据库。

2）污染源数据库功能。前面建立起了以 GIS 为平台的具有经纬度坐标投影分类源空间数据分布信息库，该数据库可实现以下基本功能。

① 基本数据库功能：对空间数据和属性数据进行添加、修改、删除，并与外部数据库进行数据交换更新。

② 地图化表现功能：生成和显示各种形式的污染专题地图和统计图。

③ 基本空间分析功能：对污染物排放分布规律进行基本空间分析。

④ 模型分析功能：与其他图层构成空间数据模型，进行空间模型不同图层间的查询、切分、合并、数据更新等。

⑤ 作为大气质量模型污染源数据的基本原始数据库，生成其他不同网格分辨率数据库。

3）模型接口程序。将污染源空间网格数据库数据导出 GIS，并采用自主开发的程序接口将各污染源不均匀系数对数据库数据进行处理，获取不同月份及不同日期等具体单位时间各污染物排放量，将处理后的污染源数据输入大气质量模型。

该接口程序采用 Fortran 语言编写，可以在 Windows 或 Linux 操作系统下工作。

## 2.4  气象模型智能化集成

### 2.4.1  模型介绍

（1）MM5 模型介绍。目前 MM5 已被应用于各种中尺度天气系统的研究、实时预报、中尺度集成预报、区域气候预报、航空航海的天气条件保障、模拟产生军事训练和分析的协同环境，以及大气质量和大气化学研究中。在大气质量模拟中，高质量的气象背景场非常重要。

MM5 模型的基本方程如下：

依据沿地形的坐标 $(x, y, \sigma)$，下列是非静力模型基本变量（除了水汽以外）的方程。

气压：

$$\frac{\partial \rho'}{\partial t} - \rho_0 g w + \gamma p \nabla \cdot V = -V \cdot \nabla \rho' + \frac{\gamma p}{T}\left(\frac{Q}{c_p} + \frac{T_0}{\theta_0} D_0\right) \tag{2-1}$$

动量（$x$ 向分量）

$$\frac{\partial u}{\partial t} + \frac{m}{p}\left(\frac{\partial p'}{\partial x} - \frac{\sigma}{p^*}\frac{\partial p^*}{\partial x}\frac{\partial p'}{\partial \sigma}\right) = -V \cdot \nabla u + v\left(f + u\frac{\partial m}{\partial y} - v\frac{\partial m}{\partial x}\right) - e w \cos\alpha - \frac{u w}{r_{\text{earth}}} + D_u \tag{2-2}$$

动量（$y$ 向分量）

$$\frac{\partial v}{\partial t} + \frac{m}{p}\left(\frac{\partial p'}{\partial y} - \frac{\sigma}{p^*}\frac{\partial p^*}{\partial y}\frac{\partial p'}{\partial \sigma}\right) = -V \cdot \nabla v + u\left(f + u\frac{\partial m}{\partial y} - v\frac{\partial m}{\partial x}\right) - e w \sin\alpha - \frac{v w}{r_{\text{earth}}} + D_v \tag{2-3}$$

动量（$z$ 向分量）

$$\frac{\partial w}{\partial t} + \frac{p_0}{p}\frac{g}{p^*}\frac{\partial p'}{\partial \sigma} + \frac{g}{r}\frac{p'}{p} = -V \cdot \nabla w + g\frac{p_0}{p}\frac{T'}{T_0} - \frac{gRd}{c_p}\frac{p'}{p} + e(u\cos\alpha - v\sin\alpha) + \frac{u^2 + v^2}{r_{\text{earth}}} + D_w \tag{2-4}$$

热力学方程

$$\frac{\partial T}{\partial t} = -V \cdot \nabla T + \frac{1}{p c_p}\left(\frac{\partial p'}{\partial t} + V \cdot \nabla p' - p_0 g w\right) + \frac{Q}{c_p} + \frac{T_0}{\theta_0} D_\theta \tag{2-5}$$

平流项可以被扩展为

$$V \cdot \nabla A \equiv m u\frac{\partial A}{\partial x} + m v\frac{\partial A}{\partial y} + \sigma\frac{\partial A}{\partial \sigma} \tag{2-6}$$

这里

$$\sigma = -\frac{p_0 g}{p^*} w - \frac{m\sigma}{p^*}\frac{\partial p^*}{\partial x} u - \frac{m\sigma}{p^*}\frac{\partial p^*}{\partial y} v \tag{2-7}$$

散度项可以被扩展为

$$\nabla \cdot V = m^2\frac{\partial}{\partial x}\left(\frac{u}{m}\right) - \frac{m\sigma}{p^*}\frac{\partial p^*}{\partial x}\frac{\partial u}{\partial \sigma} + m^2\frac{\partial}{\partial y}\left(\frac{v}{m}\right) - \frac{m\sigma}{p^*}\frac{\partial p^*}{\partial y}\frac{\partial v}{\partial \sigma} - \frac{p_0 g}{p^*}\frac{\partial w}{\partial \sigma} \tag{2-8}$$

（2）WRF 模型介绍。WRF 模型分为 ARW（the Advaneed Researeh WRF）和 NMM（the Nonhydrostatic Mesoscale Model）两种，即研究用和业务用两种形式。模型主要由三部分组成：模型的预处理、主模型和模型产品后处理。预处理部分为主模型提供初始场和边界条件，包括标准化部分和三维变分资料同化、四维同化，其中标准初始化部分包括资料预处理、地形等静态数据的处理；主模型对模型积分区域内的大气过程进行积分运算；后处理部分对模型输出结果进行分析处理，主要包括将模型面物理量转化到标准等压面、诊断分析物理场和图形数据转换等。

1）WRF 模型基本方程。WRF 采用可压缩非静力欧拉方程组，由守恒变量构建通量形式的控制方程组，采用地形追随质量坐标，水平网格采用 Arakawa C 网格。

垂直方向上采用地形追随质量的 $\eta$ 坐标：

$$\eta = (\text{ph} - \text{ph}_\text{t})/\mu \tag{2-9}$$

$$\mu = \text{ph}_\text{s} - \text{ph}_\text{t} \tag{2-10}$$

式中，ph 为实际气压值；$ph_s$、$ph_t$ 分别为地面气压、模型顶气压；$\eta$ 值随高度而变化，在地面为 1，在模型顶为 0。

$\mu$ $(x, y)$ 表示 $(x, y)$ 上模型顶单位面积的质量，则变量的通量形式为

$$\vec{V} = \mu\nu = (u, v, w) \tag{2-11}$$

$$\Omega = \mu\dot{\eta} \tag{2-12}$$

$$\Theta = \mu\theta \tag{2-13}$$

式中，$\nu = (u, v, w)$，为水平和垂直方向上速度；$\dot{\eta} = \omega$，为垂直速度；$\theta$ 为位温。

2) 通量形式的欧拉方程组。控制方程组中的非守恒量有 $\phi$（位势）、$p$（气压）和 $\alpha = 1/\rho$（$\rho$ 为密度）。根据以上变量的定义，通量形式的欧拉方程组为

$$\partial_t U + (\nabla \cdot \vec{V}u) - \partial_x(p\phi_\eta) + \partial_\eta(p\phi_x) = F_u \tag{2-14}$$

$$\partial_t V + (\nabla \cdot \vec{V}v) - \partial_y(p\phi_\eta) + \partial_\eta(p\phi_y) = F_v \tag{2-15}$$

$$\partial_t W + (\nabla \cdot \vec{V}w) - g(\partial_\eta p - \mu) = F_w \tag{2-16}$$

$$\partial_t \Theta + (\nabla \cdot \vec{V}\theta) = F_\Theta \tag{2-17}$$

$$\partial_t \mu + (\nabla \cdot \vec{V}) = 0 \tag{2-18}$$

$$\partial_t \phi + \mu^{-1}[(\vec{V} \cdot \nabla\phi) - gW] = 0 \tag{2-19}$$

静力方程：

$$\partial_\eta \phi = -\alpha\mu \tag{2-20}$$

状态方程：

$$p = p_0 (R_d\theta/p_0\alpha)^\gamma \tag{2-21}$$

上述方程中，下标 $x$、$y$、$\eta$ 表示微分方向：

$$\nabla \cdot \vec{V}\alpha = \partial_x(U\alpha) + \partial_y(V\alpha) + \partial_\eta(\Omega\alpha) \tag{2-22}$$

$$\vec{V} \cdot \nabla\alpha = U\partial_x(\alpha) + V\partial_y(\alpha) + \Omega\partial_\eta(\alpha) \tag{2-23}$$

式中，$\alpha$ 为任意常量；$\gamma = c_p/c_v = 1.4$；$R_d$ 为干空气气体常数；$p_0$ 为参考气压；$F_u$、$F_v$、$F_w$、$F_\Theta$ 表示由模型物理过程、湍流混合、球面投影和地球旋转引起的强迫项。

另外，WRF 还包含含水汽的欧拉方程组，考虑地图投影、科氏力及曲率项的控制方程组，扰动控制方程组（参考 A Description of the Advanced Research WRF Version 2，William C. Skamarock，Joseph B. Klemp，Jimy Dudhia，David O. Gill，Dale M. Barker，Wei Wang，Jordan G. Powers）。

### 2.4.2 气象模型的智能化集成

选用了人工神经网络自动校正气象模型的模拟准确性，以始终保持模拟效果最优为目的，进行智能化集成。通过 Fortran、Shell 混合编辑形成了智能化集成模块，可以完成两种及以上气象模型的非线性模拟集成，从而提高模拟精度，为大气质量模型提供输入场。经过该方法模拟后，如果在网格分辨率不变的情况下（9km 以上）进行大气质量模拟，可不用再转动气象模型。如果要求更高分辨率的气象场，则可以以优化后的结果作为初值场进行更小分辨率网格的模拟，来进一步达到区域优化的目的。本平台中，智能化集成模块将两种目前应用较为广泛的中尺度气象模型（WRF 和 MM5）进行优化集成。

（1）气象模型智能集成模型（Ensemble）原理。人工神经网络是涉及神经科学、思维

科学、人工智能、计算机科学等多个领域的交叉学科，是由大量处理单元互联组成的非线性、自适应信息处理系统。它是在现代神经科学研究成果的基础上提出的，试图通过模拟大脑神经网络处理、记忆信息的方式进行信息处理。人工神经网络具有四个基本特征。

1）非线性：人工神经元处于激活或抑制两种不同的状态，这种行为在数学上表现为一种非线性。具有阈值的神经元构成的网络具有更好的性能，可以提高容错性和存储容量。

2）非局限性：一个神经网络通常由多个神经元广泛连接而成。一个系统的整体行为不仅取决于单个神经元的特征，而且可能主要由单元之间的相互作用、相互连接所决定。通过单元之间的大量连接模拟大脑的非局限性。

3）非常定性：人工神经网络具有自适应、自组织、自学习能力。神经网络不但处理的信息可以有各种变化，而且在处理信息的同时，非线性动力系统本身也在不断变化，可采用迭代过程描写动力系统的演化过程。

4）非凸性：一个系统的演化方向，在一定条件下将取决于某个特定的状态函数，例如能量函数，它的极值对应于系统比较稳定的状态。非凸性是指这种函数有多个极值，故系统具有多个较稳定的平衡态，这将导致系统演化的多样性。

人工神经网络目前有很多种类，其中，前向反馈性神经网络是目前应用最为广泛的一种网络，PB 神经网络和 RBF 神经网络是其中广泛应用的两种网络。PB 网络的缺点是隐层节点数需要经过多次尝试，学习速度慢且易陷入局部极小点。而对于 RBF 网络，由于其结构简单，每个隐节点映射函数是不同的非线性函数，所以可保证快速的学习速度，并且是全局最优。

该模型以智能化技术——径向基（RBF）神经网络为基础，将 WRF 和 MM5 两种气象模型进行优化集成。该方法考虑了空间和时间变化的动态气象因素，主要优化集成了近地面垂直层的温度、风速、风向因素，并加入了地形、地理位置因素的修正，计算结果较为准确。由于该方法具有通用性，可继续开发成三种及以上的气象模型集成形式。其基本原理可简要表述如下[109]：RBF 神经网络属于多层前向神经网络，是一种三层前向网络，输入层由信号源节点组成；第二层为隐含层，隐单元的个数由所描述问题而定；第三层为输出层。网络结构以单个输出神经元为例（图 2-3），隐含层神经元采用径向基函数作为激励函数，通常采用高斯函数作为径向基函数。

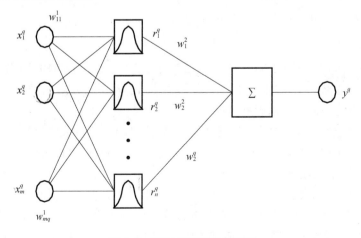

图 2-3　RBF 神经网络结构图

神经网络信息的传输为：

对于输入层，只负责信息的传输，其输入与输出相同。

对于隐层，每个神经元将自己和输入层神经元相连的连接权值矢量 $W_i^1$（也称为第 $i$ 个隐层神经元的基函数中心）与输入矢量 $X^q$ [表示第 $q$ 个输入矢量，$X^q = (x_1^q, x_2^q, \cdots, x_j^q, \cdots, x_m^q)$] 之间的距离乘以本身的阈值 $b_i^1$ 作为自己的输入，如图 2-4 所示。

隐层径向基神经元层，数目等于输入样本数，其权值等于输入向量装置，所有径向基神经元阈值为

$$b = \frac{[1-\log(0.5)]^{1/2}}{\text{SPREAD}} \tag{2-24}$$

式中，$[1-\log(0.5)]^{1/2}$ 为 0.8326；SPREAD 是径向基函数的扩展系数。

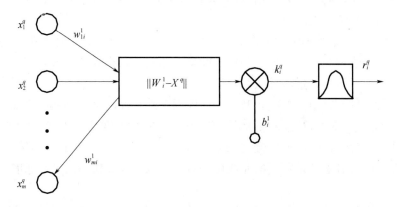

图 2-4　RBF 网络隐层神经元的输入与输出结构

从图 2-4 中可见，对应输入层第 $q$ 个输入产生的隐含层第 $i$ 个神经元的输入 $k_i^q$ 为

$$k_i^q = \sqrt{\sum_j (w_{ji}^1 - x_j^q)^2} \times b_i^1 \tag{2-25}$$

隐含层第 $i$ 个神经元的输出 $r_i^q$ 为：

$$r_i^q = e^{-(k_i^q)^2} = e^{-\left(\sqrt{\sum_j (w_{ji}^1 - x_j^q)^2} \times b_i^1\right)^2} = e^{-(\|W_i^1 - X^q\| \times b_i^1)^2} \tag{2-26}$$

式中，$b_i^1 = 0.8236^2/c_i$。

对于输出层，输出为各隐层神经元输出的加权求和，激励函数采用纯线性函数，对应输入层第 $q$ 个输入产生的输出层神经元输出 $y^q$ 为

$$y^q = \sum_{i=1}^{n} r_i^q \times w_i^2 \tag{2-27}$$

训练的目的是求取两层的最终权值 $w^1$、$w^2$ 和阈值 $b^1$、$b^2$，在 RBF 网络训练中，从 0 个隐含层神经元开始训练，每次网络的最大误差对应的输入作为权值向量 $w_i^1$，增加新的神经元，目标误差取 0.1，直到误差满足要求为止。

由于该方法的空间数据样本较多，在保证计算需要的前提下采取尽量减少可调参数的原则，选取 RBF 在 MATLAB 中的 newrbe 创建一个精确的网络，自动选择隐含层神经元的个数，使得误差为 0，故不需要人为确定隐含层神经元数目，在计算过程中只需确定 SPREAD（径向基函数的分布）的大小，这是 newrbe 函数的最大优点。但是该函数所提供的两个参数 goal（目标误差）和 SPREAD 的取值直接影响网络的拟合和泛化能力。因此，本软件设计时，取目标误差为固定值，采取循环方式改变 SPREAD 这个参数，将测试结果与测试集目标值的误差最小为中止条件，此时函数的泛化能力很强。

（2）Ensemble 模型的假设。Ensemble 模型构建假设主要有以下五点：

1）气象模型的智能化集成需要大量的格点数据作为训练样本，由于气象监测数据的原因，模型设计为一定间隔进行 RBF 训练和修正，3 次/d。

2）由于人类的生存高度，在进行气象模型的集成时，重点关注近地面层内的气象因素的智能化集成。

3）模型集成时选取的气象因素为温度、风向、风速因素，其他相关参数通过公式进行计算修正。

4）模型计算结果采取的是 Fortran、Matlab 混合编程，写成 WRF 和大气质量模型中通用的 IOAPI 格式。

（3）Ensemble 模型的框架。Ensemble 模型的框架如图 2-5 所示，该模型集成的前提是运行了 MM5 与 WRF 两种气象模型，然后进行智能化集成。

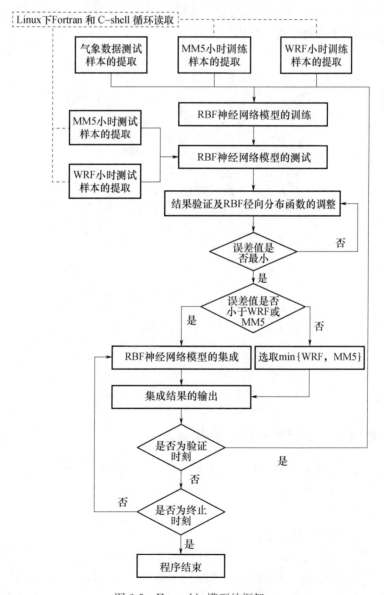

图 2-5　Ensemble 模型的框架

其中所涉及的部分文件和内容的简要说明如下：

1）软件设计为 1d 从 0 时刻开始至次日 0 时刻结束，共 25 个时次的数据文件；其中 WRF 和 MM5 由于在 Linux 下提取较为快速方便，所以用 C-shell 语言增加了多天循环读取功能。

2）模拟范围为图 2-6 中的控制区域 1，图中的点为中国气象数据监测站点，这些站点所代表的格点数据为训练样本。

3）MM5 与 WRF 的模拟区域如图 2-6 所示，为 96×84（横向×纵向）的格点，格点间距为 9km，所有网格的数据为测试样本。

4）为了保证集成的效果，模型设计 3 次/d 的 RBF 神经网络集成修正，时间为每日的 8 时、14 时、20 时。

经 RBF 神经网络集成后的智能模型 Ensemble 内部机理清晰明了、应用方便。为了验证集成模型模拟效果，将选取气象因素 $T_{2m}$、$WU_{10}$、$WV_{10}$ 及气压进行模拟误差分析，并与 WRF、MM5 模型的模拟效果进行对比。

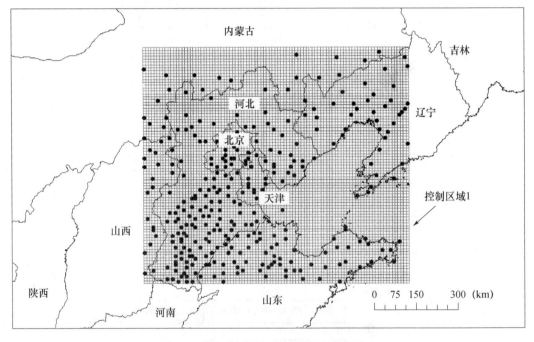

图 2-6　模拟范围及气象站点样本数据分布

### 2.4.3　集成气象模型参数的影响及确定

为了验证智能化集成后气象模型的准确性，研究分别选取了两个有重污染[110]出现的过程，对气温、气压、风三种气象因素[111-112]进行集成及评估分析，并与 MM5、WRF 进行对比分析。

（1）统计方法及模拟时间的选择。

1）统计方法。应用气象学研究中的统计学方法[113-114]——平均偏差（MBE）、平均绝对偏差（MAGE）、均方根偏差（RMSE）及相关系数（Corr.），对气象模拟进行检验。所用公式如下所示，其中 $a^m$ 是模型模拟值，$a^o$ 是模型观测值，$M$ 为所选 MICAPS 站点个数，$N$

为时间样本数，$i=1，2，\cdots M$，$j=1，2，\cdots N$。通过公式可以看出，所得统计结果为对模型时空结合的评估，能反映模型的整体模拟情况。

$$\text{MBE}=\frac{1}{MN}\sum_{i=1}^{M}\sum_{j=1}^{N}(a_{i,j}^{m}-a_{i,j}^{o}) \tag{2-28}$$

$$\text{MAGE}=\frac{1}{MN}\sum_{i=1}^{M}\sum_{j=1}^{N}\mid a_{i,j}^{m}-a_{i,j}^{o}\mid \tag{2-29}$$

$$\text{RMSE}=\frac{1}{M}\sum_{i=1}^{M}\left[\frac{1}{N}\sum_{j=1}^{N}(a_{i,j}^{m}-a_{i,j}^{o})^{2}\right]^{1/2} \tag{2-30}$$

$$\text{Corr.}=\frac{\text{cov}(a_{i,j}^{m},a_{i,j}^{o})}{\sqrt{\text{var}(a_{i,j}^{m})\text{var}(a_{i,j}^{o})}} \tag{2-31}$$

2）模拟时间的选择。由于 MM5 和 WRF 的模拟效果存在不确定性的季节性特征，所以，为了全面分析集成模型的模拟效果，从大气质量监测数据中选出两段 $PM_{10}$ 重污染过程来研究。大气质量监测数据来源于北京、天津、唐山，因为它们位于模拟区域的中心位置，且能体现出二维气象变量场的区域性污染特征。根据监测数据（图 2-7），所选的两段重污染过程为 2006 年 1 月 18 日至 22 日和 2006 年 10 月 11 日至 17 日。

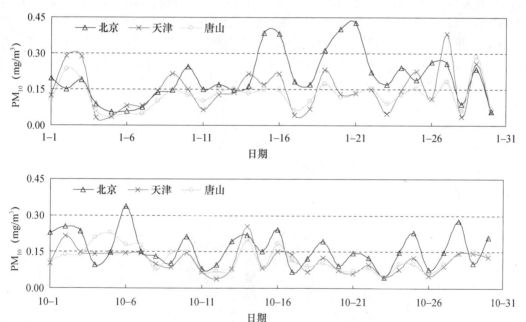

图 2-7　$PM_{10}$ 监测数据

（2）SPREAD 系数选择及对优化控制区域的影响。

1）系数选择。SPREAD 参数的选择是智能化集成的第一个阶段，这个阶段无须手动，通过编程实现自动选择。为了研究 SPREAD 参数选择对 Ensemble 的影响，研究以气象因素 $T_{2m}$ 为例，随机给出了几个时刻的 SPREAD 值与模拟误差之间的关系。如图 2-8 所示。从图中可以看出，不同时刻的最优模拟参数是不同的，所以，在此处将程序设计为自动选取最小模拟误差的 SPREAD 系数。另外，通过多天的统计分析发现，模拟参数的选取范围基本在 5～35 以内。如果 SPREAD 的范围太宽，将导致计算的循环耗时。为了节省计算时间，在设定循环计算时，将参数的选择时间段定位于 5～35 数据区域内，逐一增加。

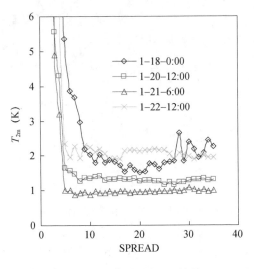

图 2-8　$T_{2m}$ 与 SPREAD 关系

2）控制区域的影响。本技术以控制区域内所有气象预测值的误差最小为目标条件。控制区域的选择对二维水平场的优化来说非常重要。为了研究局部最优与全局最优对集成结果的影响，设定了三个目标区域。其中，控制区域 1 如图 2-6 所示，控制区域 2 和控制区域 3 如图 2-9 所示。控制区域 1 代表的是整个区域，误差值为 323 个站点的平均绝对误差；控制区域 2 代表的是北京、天津和河北地区，误差值为这些区域中的站点的平均绝对误差；控制区域 3 代表的是京津唐地区。

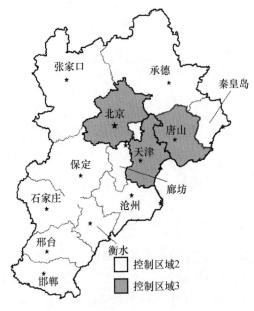

图 2-9　控制区域 2 及控制区域 3

从图 2-10（a）可以看出：①WRF 在控制区域 3 中的模拟误差值最小，集成模型误差始终不能小于 WRF 在控制区域 3 中的误差，根据集成模型设计步骤，该时刻输出 WRF 的模拟结果；②集成模型的误差随 SPREAD 的变化趋势不同，控制区域 3 误差最小时对应的 SPREAD 值不一定是控制区域 1、控制区域 2 误差最小时对应的 SPREAD 值；③对任意时刻，集成结果的控制区域 3 误差相对高些。

从图 2-10（b）可以看出，在重污染过程的 2006-1-19-6：00 时刻：①集成模型在 3 个控制区域的误差明显小于 MM5 和 WRF；②集成模型目标区域为控制区域 3 时，误差仍大于对控制区域 1 和控制区域 2 的误差。

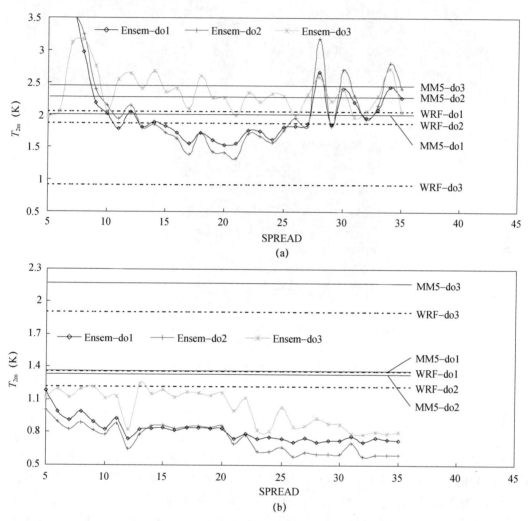

图 2-10　MM5、WRF、集成模型对控制区域 1、2、3 的 $T_{2m}$ 误差值

（a）2006-1-18-0：00 时刻；（b）2006-1-19-6：00 时刻

综上所述，控制区域的选定对结果有一定的影响。从图 2-10 可以看出，不同时刻 MM5、WRF 和集成模型的误差大小无明显规律，而 MM5 和 WRF 模拟结果对控制区域 1、2、3 的误差大小也无显著规律。所以该方法模型设置时，要实现自动化判断，并采取每隔一段时间进行一次修正的程序设置。另外，控制区域可以根据实际研究中的大气质量关注地区来合理选择。

（3）气象因素模拟结果对比分析。

1）$T_{2m}$ 模拟结果评估。图 2-11 给出了 2006-1-16-6：00 的温度场的变化情况。从图中可以看出，WRF 和 MM5 在温度模拟上有一定的差距，通过集成模拟后，在控制区域 3 内，温度模拟变化差异较大，Ensemble 的模拟效果明显好于 WRF 和 MM5 的效果。

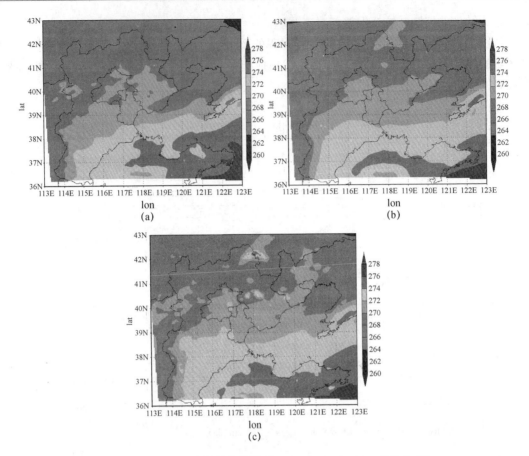

图 2-11    2m 处温度场的变化情况（2006-1-19-6：00，单位为 K）

(a) MM5；(b) WRF；(c) Ensemble

为了更全面地分析 Ensemble 的模拟效果，研究选用上文选定的两个重污染过程（1 月 18 日至 22 日，10 月 11 日至 17 日）来进行统计分析。Ensemble 的 $T_{2m}$ 提高情况见表 2-3（控制区域为 3）。两个阶段的统计结果表明，集成模型模拟效果有明显的提高，远高于 MM5 和 WRF。MAGE 显示了各情景的温度平均绝对值偏差。从表中可以看出，过程 1 中，Ensemble 的 MAGE 值在 5d 重污染过程中，$T_{2m}$ 的模拟效果比 MM5 提高了 29.4%，比 WRF 提高了 12.9%。过程 2 中，集成模型的 MAGE 值在 8d 重污染过程中，$T_{2m}$ 的模拟效果比 MM5 提高了 43.9%，比 WRF 提高了 21.9%。智能化集成模型的模拟结果在绝对值偏差上取得了更加良好的效果。$T_{2m}$ 的 MBE 值显示，MM5 模拟的温度场整体偏高，WRF 整体偏低，而集成后，整体偏差程度均减小。$T_{2m}$ 的 RMSE 值表明，集成模型 Ensemble 的离散程度均小于 MM5 和 WRF。

表 2-3    MM5、WRF 和集成模型在两个过程中的 $T_{2m}$ 模拟误差统计学评估（K）

| 过程 1 | 控制区域 1 | | | 控制区域 2 | | | 控制区域 3 | | |
|---|---|---|---|---|---|---|---|---|---|
| | MBE | MAGE | RMSE | MBE | MAGE | RMSE | MBE | MAGE | RMSE |
| MM5 | 1.09 | 1.82 | 2.23 | 1.25 | 1.87 | 2.24 | 1.31 | 2.29 | 2.63 |
| WRF | −0.11 | 1.77 | 2.26 | 0.11 | 1.70 | 2.14 | 0.32 | 1.86 | 2.18 |
| Ensemble | −0.05 | 1.63 | 2.08 | 0.13 | 1.60 | 2.00 | 0.34 | 1.62 | 1.96 |

| 过程 2 | 控制区域 1 | | | 控制区域 2 | | | 控制区域 3 | | |
|---|---|---|---|---|---|---|---|---|---|
| | MBE | MAGE | RMSE | MBE | MAGE | RMSE | MBE | MAGE | RMSE |
| MM5 | 1.15 | 2.02 | 2.46 | 1.23 | 2.18 | 2.57 | −2.31 | 3.33 | 4.12 |
| WRF | −0.48 | 1.85 | 2.33 | −0.70 | 2.00 | 2.42 | −1.78 | 2.39 | 3.01 |
| Ensemble | 0.14 | 1.49 | 1.92 | 0.02 | 1.51 | 1.90 | −0.93 | 1.87 | 2.43 |

MM5、WRF 和集成模型的 $T_{2m}$ 模拟值与观测值的相关系数依次为 0.805、0.813、0.890（过程 1），以及 0.784、0.803、0.852（过程 2），所有相关系数均在 0.75 以上，在统计学意义上有较好的正相关性，但集成模型对气象模拟的趋势更好。

表 2-3 中也给出了以控制区域 1 和 2 为目标的模拟误差统计。在该过程中，$T_{2m}$ 对每一个控制区域均有提高。

2）气压场、风场模拟结果评估。图 2-12 给出了 2006-1-19-6：00 时刻的地面气压场的模拟效果图。从图中可以看到，集成模型的气压场分布与 MM5、WRF 模拟值有一定的差异，数据统计结果显示，集成模型的气压场更接近于观测值。图 2-13 给出了 2006-1-19-6：00 时刻的风场模拟效果图，从图中可以看到，集成模型的风场分布与 MM5、WRF 模拟值还是有一定差异的。通过局部放大风场模拟效果图发现，北京北部地区的风速及风向有较明显的变化。数据统计结果显示，集成模型的风场更接近于观测值。

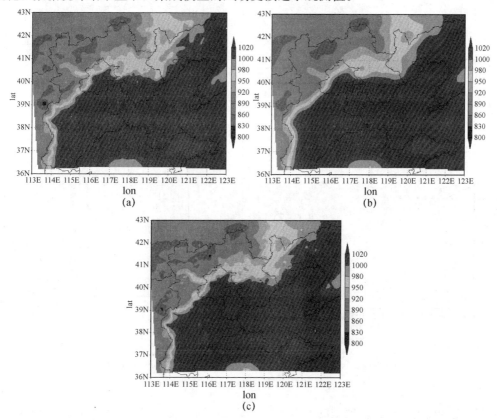

图 2-12　地面气压场的模拟效果图（2006-1-19-6：00，单位为 hPa）

(a) MM5；(b) WRF；(c) Ensemble

31

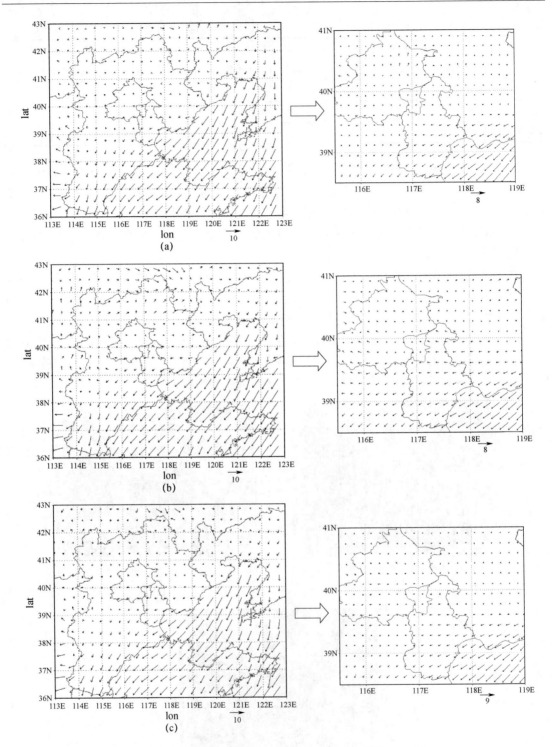

图 2-13 风场模拟效果图（2006-1-19-6：00，单位为 m/s）

(a) MM5；(b) WRF；(c) Ensemble

为了更全面地分析集成模型的模拟效果，研究选用上文选定的两个重污染过程（1 月 18 日至 22 日，10 月 11 日至 17 日）来进行统计分析。表 2-4 给出了两个过程中的气压、风场的统计结果。从表中可以看出，集成模型的气压场模拟效果有明显提高，远高于 MM5 和

WRF。风场是气象模拟中模拟效果相对不好的因素，但是从表中可以看出风场模拟效果的提升非常明显。

**表 2-4　MM5、WRF 和集成模型在两个过程中的气压、WU10、WV10 模拟误差统计学评估**

| 过程 1 (气压：hPa) | 控制区域 3 | | | 过程 2 (气压：hPa) | 控制区域 3 | | |
|---|---|---|---|---|---|---|---|
| | MBE | MAGE | RMSE | | MBE | MAGE | RMSE |
| MM5 | 3.32 | 12.87 | 21.70 | MM5 | 4.35 | 12.15 | 20.50 |
| WRF | 7.81 | 15.65 | 20.08 | WRF | 10.04 | 15.79 | 19.80 |
| Ensemble | 0.82 | 10.21 | 19.94 | ENSEM | 1.62 | 10.10 | 19.28 |
| 过程 1 ($WU_{10}$：m/s) | 控制区域 3 | | | 过程 2 ($WU_{10}$：m/s) | 控制区域 3 | | |
| | MBE | MAGE | RMSE | | MBE | MAGE | RMSE |
| MM5 | −0.15 | 1.18 | 1.48 | MM5 | −0.15 | 1.37 | 1.72 |
| WRF | 0.04 | 1.08 | 1.37 | WRF | −0.09 | 1.42 | 1.72 |
| ENSEM | 0.01 | 0.91 | 1.20 | ENSEM | −0.13 | 1.14 | 1.46 |
| 过程 1 ($WV_{10}$：m/s) | 控制区域 3 | | | 过程 2 ($WV_{10}$：m/s) | 控制区域 3 | | |
| | MBE | MAGE | RMSE | | MBE | MAGE | RMSE |
| MM5 | 0.74 | 1.34 | 1.70 | MM5 | 0.44 | 1.78 | 2.16 |
| WRF | 0.46 | 1.23 | 1.52 | WRF | −0.19 | 1.83 | 2.17 |
| ENSEM | 0.32 | 0.99 | 1.30 | ENSEM | 0.01 | 1.47 | 1.87 |

这说明人工神经网络智能化集成后，对气象温度及海平面压力场的改善有着显著影响。由于智能化集成是以 MICAPS 观测数据作为基础，通过神经网络进行自适应调节，模拟结果从理论上应更接近实际。压力、WU10 和 WV10 的统计结果均表明，集成模型的模拟效果比 WRF 和 MM5 提高了 9% 以上，从而为大气质量模型提供了更加准确的气象输入场。

研究结果表明，集成模型 Ensemble 可以显著提高三维气象模型模拟精度，模型适合中尺度的城市气象研究。

## 2.5　城市大气环境管理平台（CAEMS）建设

### 2.5.1　大气质量模型介绍

（1）CMAQ 模型。

大气质量计算模块为 Community Multi-scale Air Quality（CMAQ）Modeling System，亦可称为 Models-3/CMAQ 模型。

CMAQ 模型中包括许多模块，其中最主要的是化学输送模块 CCTM。CCTM 模块所包括的科学过程可分为三类：第一类是纯粹与化学有关的各种反应物的化学反应过程。第二类是纯粹与气象有关的扩散和平流过程。污染物的输送过程包括平流以及次网格尺度的扩散。平流与水平风场有关，扩散中包括次网格尺度的湍流扩散。第三类是既与化学又与气象有关的一些过程。CCTM 模块的这些过程又可分为三种：第一种是与辐射有关的光分解过程，光分解过程可通过一个先进的光分解模块（JPROC）来计算。第二种是污染物的烟羽扩散过程。第三种是与云有关的化学过程，云在液相化学反应、垂直混合、气溶胶的湿清除方面都起着很重要的作用。云还会通过改变太阳辐射影响污染物的光化学过程。具体过程如下：

1）平流输送过程。为了方便，平流过程被分为水平方向和垂直方向两部分。由于平均大气的运动大部分是在水平面上，因而这种方法是可行的。一般而言，垂直运动与动力学和热力学的相互作用相关。平流过程依赖于连续方程的质量守恒特点。

水平平流输送计算式为

$$\frac{\partial(\sqrt{\hat{\gamma}}\overline{\varphi_t})}{\partial t} = -\nabla_\xi \cdot (\sqrt{\hat{\gamma}}\overline{\varphi_t}\hat{\overline{V}}_\xi) \tag{2-32}$$

垂直平流输送由下式计算：

$$\frac{\partial(\sqrt{\hat{\gamma}}\overline{\varphi_t})}{\partial t} = -\frac{\partial(\sqrt{\hat{\gamma}}\overline{\varphi_t}\hat{\overline{v}}^3)}{\partial \hat{x}^3} \tag{2-33}$$

2）扩散过程。由于垂直扩散过程代表了地-气能量交换对大气湍流的热力学影响，而水平扩散过程代表了由于未分解的风波动造成的次网格混合，扩散过程可分为垂直和水平扩散两部分来计算。

$$\frac{\partial \varphi_t^*}{\partial t}\bigg|_{\text{diff}} = \frac{\partial(\sqrt{\hat{\gamma}}\overline{\rho q_i})}{\partial t}\bigg|_{\text{diff}} = -\hat{\nabla}_s \cdot \left[\sqrt{\hat{\gamma}}\overline{\rho}\ \hat{F}_{\varphi i}\right] - \frac{\partial(\sqrt{\hat{\gamma}}\overline{\rho}\ \hat{F}_{\varphi i}^3)}{\partial \hat{x}^3} + \sqrt{\hat{\gamma}}\overline{\rho}\left(\frac{Q_{\varphi i}}{\overline{\rho}}\right) \tag{2-34}$$

3）气相化学过程。CMAQ 中的化学算法为 QSSA（Young 等，1993）和 SMVGEAR（Jacobson 和 Turco，1994）模型的气象化学过程中要求的浓度单位是体积混合比，并考虑到气象化学反应产生的体积混合比的时间变率。

4）气溶胶过程。

$$\frac{\partial \varphi_t^*}{\partial t}\bigg|_{\text{aero}} = \sqrt{\hat{\gamma}}R_{\text{aero}_i}(\overline{\varphi}_1,\cdots,\overline{\varphi}_n) + \sqrt{\hat{\gamma}}Q_{\text{aero}_i} - \hat{v}_g\frac{\partial \varphi_i^*}{\partial \xi} \tag{2-35}$$

5）排放过程。排放过程在垂直扩散过程中处理或在气相化学过程中进行描述，在痕量气体守恒的控制方程中，排放过程简单地表达为源项。

6）云混合与液相化学反应。CMAQ 中考虑了云过程造成的污染物浓度的变化：

$$\frac{\partial \overline{m}_i}{\partial t}\bigg|_{\text{cld}} = \frac{\partial \overline{m}_i}{\partial t}\bigg|_{\text{subcld}} + \frac{\partial \overline{m}_i}{\partial t}\bigg|_{\text{rescld}} \tag{2-36}$$

式中，cld、subcld 和 rescld 分别代表云、次网格尺度云和非次网格尺度云。

次网格尺度云过程的作用包括混合、清除、液相化学反应以及湿沉降过程。

7）干沉降过程。污染物在大气和地面间的传输率由一系列化学、物理以及生物因子所决定，根据不同的地面性质和状态、污染物的特点以及大气湍流的特征，这些因子会有不同的重要性。由于所涉及的各个过程的复杂性及这些过程间的相互作用，CMAQ 中用沉降速率和污染物的浓度估计沉降通量以代表干沉降过程。

目前，CMAQ 中使用的干沉降速率估计方法为 RADM 方法（Wesely，1989）。RADM 方法可计算 16 种化学物种的干沉降速率。其计算需要各种辅助的二维气象场资料，如边界层高度等。它们经常由水平风场、温度和湿度廓线估计而得。各物种的干沉降通量由模型最低层的浓度乘以干沉降速率而得。干沉降率由下式得到：

$$V_d = (R_a + R_b + R_c)^{-1} \tag{2-37}$$

式中，$R_a$ 为大气动力阻力系数；$R_b$ 为层流边界层阻力系数；$R_c$ 为冠层阻力系数。

除了 CCTM 模块，CMAQ 模型中还包含许多其他模块。气象模型系统与化学输送模型系统之间的连接处理界面为 MCIP 模块，它用于转换处理气象模型系统的输出结果。MCIP

模块还可以根据需要内插气象数据、进行坐标系的转换、计算云参数以及地表和行星边界层参数。同时，我们根据所掌握的污染源的具体特点，开发了排放模型系统与化学输送模型系统之间的连接处理界面——ECIP 模块，它将排放模型系统中的输出结果进行转换以供 CCTM 模型使用。ECIP 模块可将排放源处理为 CMAQ 模型产生每小时的三维排放数据，其中包括点源、面源和移动源。ECIP 模块还可通过计算烟羽上升以及点源烟羽初始的垂直扩散来决定点源排放如何输入 CCTM 模型。初始条件和边界条件模块（ICON 和 BCON）是为模型进行初始化或为模型的格点边界提供化学反应物的浓度场。光分解率处理模块（JPROC）用于计算不同时间不同地点的光分解率。烟羽动力模块（PDM）主要处理烟羽的上升、烟羽的水平、垂直方向的增长以及次网格尺度范围内每段烟羽的输送过程。CMAQ 模型的大气质量预报主要依靠 CCTM 模块完成。简而言之，上述模块的主要功能就是把 CCTM 模块需要的数据、参数等处理好送入 CCTM 模块，供 CCTM 模块使用。

（2）CAMx 模型。CAMx 模型以 MM5、区域大气模型系统（RAMs）、天气研究和预测模型系统（WRF）等模型提供的气象场为驱动，也可以接受 CALMET 等诊断分析模拟结果，模拟大气污染物的平流、扩散、化学反应和干湿沉降等过程；在化学反应机制方面，CAMx 提供碳键 4（CB4）、CB05 和州际大气质量污染 99（sAPRc99）等机理，并支持用户自行设置的化学反应机制；在区域模拟方面，具有灵活的网格设置和模型运算能力，支持单、双向网格嵌套；此外，该模型具有臭氧来源识别、颗粒物来源识别过程分析等多种敏感性分析方法。

CAMx 可模拟气态及颗粒污染物在大气中排放、扩散、化学反应及移除等作用，其浓度与沉降量之变化过程。在湍流闭合方面，CAMx 和其他模型一样，皆采取一阶闭合的 $K$ 值湍流扩散系数方式进行。

CAMx 包括变相巢状网格程序、细网格尺度网格内烟流模组、快速的化学运算模组、干湿沉降等。

1）变相巢状网格系统（Nested Grid Structure）。CAMx 使用者不需另外修改程序即可用在各种解析度需求条件不同的个案中。在巢状网络边界上，CAMx 使用所谓的变相巢状网络技术，以确保质量与通量的守恒。

2）时间步长自控。在全对流层内应用 CAMx 进行计算时，若以高层风速为基准，将有较小的时间步长，因此整体计算时间将增加。而 CAMx 将对流层内各层的时间步长分开处理，可以有效降低水平对流的计算时间，同时也可以平衡计算精确性与稳定度。

3）快速的烟流计算模块。由于烟流所需的空间解析度较高，CAMx 设有快速烟流计算模块来模拟网格内烟流的扩散，将烟流计算扩大到网格大小的程度。该模块同时也考虑了烟流内的 $NO_x$ 与周围 VOC 的反应机制。

4）使用 TUV 辐射与光解次模型。计算光解速率常数，需要考虑地表反照率、垂直臭氧浓度、垂直大气透光度、高度及日照角度等，CAMx 中使用的模型是由美国大气研究中心最新建立的 TUV 模型。

5）臭氧来源分配技术（Ozone Source Apportionment Technology，OSAT）。CAMx 可以定量解析受体点上的臭氧浓度来源之贡献率，对污染物的来源进行追踪，以制定污染防治策略。

6）粒状物来源分配技术（Particulate Source Apportionment Technology，PSAT）。此污染来源分配技术模组为 2005 年正式发布，与 OSAT 类似，可以在同一次模型模拟中解析出各分区范围内、各群组对模拟污染物的贡献率，具体见 PSAT 分析章节。

CAMx 通过在三维嵌套网格系统中求解每一类化学物质（$l$）的污染物连续性方程，模拟对流层中污染物的排放、扩散、化学反应和污染物去除等过程。欧拉连续性方程将每个网格体积内平均物质浓度的时间依赖性描述为该体积内所有物理、化学过程的总和效应。该方程在地形追随高度坐标下的数学式为

$$\frac{\partial c_l}{\partial t} = -\nabla_H \cdot V_H c_l + \left[\frac{\partial(c_l \eta)}{\partial z} - c_l \frac{\partial}{\partial z}\left(\frac{\partial h}{\partial t}\right)\right] + \nabla \cdot \rho K \nabla(c_l/\rho)$$

$$+ \frac{\partial c_l}{\partial t}\bigg|_{\text{Chemistry}} + \frac{\partial c_l}{\partial t}\bigg|_{\text{Emission}} + \frac{\partial c_l}{\partial t}\bigg|_{\text{Removal}} \tag{2-38}$$

式中，$V_H$ 为水平风向；$\eta$ 为净垂直"夹带率"；$h$ 为层界面高度；$\rho$ 为大气密度；$K$ 为湍流交换（扩散）系数。

等式右边第一项代表水平对流，第二项代表跨越任意高度随时间、空间变化的网格的净解析垂直运输，第三项代表子网格尺度湍流扩散。Chemistry（化学）被认为是同时求解由特定化学机制定义的一整套反应方程。污染物去除既包含干表面吸收（沉积）也包含降水带来的湿清除效应。

连续性方程在一系列时间步长内实现向前数值运算。在每一个步长上，连续性方程把每个网格内浓度的变化分解成几个主要过程（排放、对流、扩散、化学和去除过程）的贡献。各单独求解的主要过程按顺序排列如下：

$$\frac{\partial c_l}{\partial t}\bigg|_{\text{Emission}} = m^2 \frac{E_l}{\partial x \partial y \partial z}$$

$$\frac{\partial c_l}{\partial t}\bigg|_{\text{X-advection}} = -\frac{m^2}{A_{yz}} \frac{\partial}{\partial x}\left(\frac{u A_{yz} c_l}{m}\right)$$

$$\frac{\partial c_l}{\partial t}\bigg|_{\text{Y-advection}} = -\frac{m^2}{A_{xz}} \frac{\partial}{\partial y}\left(\frac{v A_{xz} c_l}{m}\right)$$

$$\frac{\partial c_l}{\partial t}\bigg|_{\text{Z-transport}} = \frac{\partial(c_l \eta)}{\partial z} - c_l \frac{\partial}{\partial z}\left(\frac{\partial h}{\partial t}\right)$$

$$\frac{\partial c_l}{\partial t}\bigg|_{\text{Z-diffusiont}} = \frac{\partial}{\partial z}\left[\rho K_v \frac{\partial(c_l/\rho)}{\partial z}\right]$$

$$\frac{\partial c_l}{\partial t}\bigg|_{\text{XY-diffusiont}} = m\left\{\frac{\partial}{\partial x}\left[m\rho K_X \frac{\partial(c_l/\rho)}{\partial x}\right] + \frac{\partial}{\partial y}\left[m\rho K_Y \frac{\partial(c_l/\rho)}{\partial y}\right]\right\}$$

$$\frac{\partial c_l}{\partial t}\bigg|_{\text{Wet-Scavenging}} = -\Lambda_l c_l$$

$$\frac{\partial c_l}{\partial t}\bigg|_{\text{Chemistry}} = \text{Mechanism}-\text{specific Reaction Equations} \tag{2-39}$$

式中，$c_l$ 是物种浓度（气态单位为 $\mu mol/m^3$；气溶胶单位为 $\mu g/m^3$）；$E_l$ 为物种排放速率（气态单位为 $\mu mol/s$；气溶胶单位为 $\mu g/s$）；$\Delta t$ 为时间步长（s）；$u$ 和 $v$ 分别为东-西（$x$）和南-北（$y$）水平风速（m/s）；$A_{yz}$ 和 $A_{xz}$ 分别为 $y$-$z$ 和 $x$-$z$ 位相单元交错部分面积；$m$ 为不同地图投影上传输距离与真实距离的比例（$m=1$ 为 curvi 线性纬度/经度坐标）；$\Lambda_l$ 为湿去除比率（$s^{-1}$）。

干沉降是一项重要的去除机制，但它没有在时间分步算法中被明确视作一个独立的过程。每一个物种的沉降速率需基于物种化学特性和当地气象/下垫面条件而得以计算，且被用作垂直扩散的底边界层条件。这适当地借助垂直混合作用结合了每一个网格气柱的地表污

染物去除效果。

一个主要推进时间步的模型驱动在大网格或粗（主要）网格模拟过程中被内部定义。网格尺度为 10~15km 时，时间步为 5~15min；网格尺度为 1~2km 时，时间步为 1min 或更短。这样，嵌套网格在每一主要运算步骤需要多个驱动时间步，具体取决于它们相对于主网格间距的比率。此外，每一个驱动时间步的多个传输和化学过程时间步长需要用于确保在所有网格得到这些过程的正确求解。

在一个给定网格每个时间步的第一个过程是所有源排放插入。然后 CAMx 实现水平对流模拟，但在每个主要时间步上更换 $x$ 和 $y$ 方向上的对流次序。这减轻了由 $x/y$ 对流次序恒定造成的潜在数值偏差。水平对流模拟执行后是垂直对流，紧接着是垂直扩散、水平扩散、湿清除，最后是化学过程。

虽然模型中的对流在 $x$（东-西）、$y$（北-南）和 $z$（垂直）方向上被分别执行，但它们之间的数值连接被开发为整体一致的形式以保持每个时间步长上的密度场。这使得 CAMx 具有很大的通用性和灵活性，允许多种类型气象模型的连接，模拟网格分辨率、地图投影以及层结构设定具有很大灵活性。

（3）颗粒物贡献来源识别技术。颗粒物来源识别技术（Particulate Source Apportionment Technology，PSAT），是敏感性分析和过程分析的综合方法，能有效地追踪不同地区、不同种类的颗粒物源排放对目标研究区域 PM 的生成贡献。与分地区、行业模拟颗粒物源排放的方法相比，PSAT 能够较好地同步模拟分析不同地区、不同行业颗粒源排放对目标区域的贡献，有效减少和避免误差产生；同时，该方法简单易用，能减少原始数据处理、模拟预测及后处理分析等过程的复杂性和烦琐性，减少模拟分析时间，提高模拟预测分析效率。

1）PSAT 方法概况。PSAT 技术与 CAMx 模型主程序进行同步计算，它采用反应示踪物方法对各类颗粒物的浓度进行来源贡献示踪分析。该技术与臭氧来源分析技术如 OSAT、APCA 密切相关。PSAT 可以跟踪 6 种颗粒物：硫酸盐颗粒物；硝酸盐颗粒物；铵盐颗粒物；汞颗粒物；二次有机颗粒物气溶胶；6 种一次颗粒物〔包括元素碳、一次有机颗粒物、地壳细颗粒物（<2.5$\mu m$）、其他细颗粒物、地壳粗颗粒物（2.5~10$\mu m$）、其他粗颗粒物〕。

对于以上 6 种类型的颗粒物，PSAT 技术为各类颗粒物（如硫酸盐颗粒物）和对应的前体物（如 $SO_2$）都配置了反应示踪物。PSAT 技术对各类颗粒物的示踪物与它们对应的前体物一致：硫酸盐颗粒物对应 $SO_2$；硝酸盐颗粒物对应 $NO_x$；铵盐颗粒物对应 $NH_3$；二次有机颗粒物对应 VOC 前体物。

PSAT 技术将增大 CAMx 模型对 CPU、内存、硬盘储量的要求。与其他模拟方法如 zero-out 方法相比，PSAT 技术所要求的 CPU 和硬盘空间较小。PSAT 技术能够对以上 6 种类型的颗粒物进行单独示踪模拟，实现对模拟资源条件的灵活性配置。例如，可以单独对硫酸盐颗粒物，或硫酸盐颗粒物＋硝酸盐颗粒物＋铵盐颗粒物进行示踪模拟，也可以对所有类型的颗粒物同时进行示踪模拟。

PSAT 技术通过对地理区域、排放类型、初始条件、边界条件进行定义和分类来示踪模拟 PM 前体物的浓度贡献。PSAT 技术要对研究区域内的所有排放源进行模拟分析，因此最简单的 PSAT 模拟分类为 3 组：初始条件、边界条件和所有排放源。通过对地理区域和排放类型，或边界条件（可分解为北部、南部、东部、西部、上部）的分类，可获得更详细的 PSAT 模拟结果。

PSAT 技术通过对 CAMx 模拟网格的分类来设定地理区域，以此代表按区县、州等分类的地理区域。PSAT 技术通过给每种类型的排放源提供单独的排放源文件来对排放类型进行分类。

2）PSAT 示踪污染物。PSAT 模拟时添加到每个排放类型和地理区域（$i$）的反应示踪物共有 32 个，如下所示。

Sulfur（硫）：

$SO_{2i}$　$SO_2$ 排放

$PS_{4i}$　硫酸盐颗粒物离子

Nitrogen（氮）：

$RGN_i$　反应的气态氮

$TPN_i$　PAN 和 PNA

$NTR_i$　有机硝酸盐

$HN_{3i}$　气态硝酸

$PN_{3i}$　硝酸盐颗粒物离子

Ammonium（铵）：

$NH_{3i}$　气态氨

$PN_{4i}$　铵颗粒物

Secondary Organics（二次有机物）：

$ALK_i$　链烷烃/石蜡烃二次有机气溶胶前体物

$ARO_i$　芳香烃（甲苯和二甲苯）二次有机气溶胶前体物

$CRE_i$　甲酚二次有机气溶胶前体物

$TRP_i$　生物烯烃（萜烯）二次有机气溶胶前体物

$CG_{1i}$　由甲苯和二甲苯反应生成的可压缩气态物（低挥发性）

$CG_{2i}$　由甲苯和二甲苯反应生成的可压缩气态物（高挥发性）

$CG_{3i}$　由链烷烃反应生成的可压缩气态物

$CG_{4i}$　由萜烯反应生成的可压缩气态物

$CG_{5i}$　由甲酚反应生成的可压缩气态物

$PO_{1i}$　由 $CG_1$ 生成的二次有机颗粒物

$PO_{2i}$　由 $CG_2$ 生成的二次有机颗粒物

$PO_{3i}$　由 $CG_3$ 生成的二次有机颗粒物

$PO_{4i}$　由 $CG_4$ 生成的二次有机颗粒物

$PO_{5i}$　由 $CG_5$ 生成的二次有机颗粒物

Mercury（汞）：

$HG_{0i}$　元素汞蒸气

$HG_{2i}$　反应气态汞蒸气

$HGP_i$　汞颗粒物

Primary Particulate（一次颗料物）：

$PEC_i$　一次元素碳

$POA_i$　一次有机气溶胶

$PFC_i$　地壳细颗粒物

PFN$_i$　其他细颗粒物

PCC$_i$　地壳粗颗粒物

PCS$_i$　其他粗颗粒物

一般来说，一次 PM 污染物可用一个示踪物来模拟，而二次 PM 污染物则需要多个示踪物来模拟分析前体物间的反应和 PM 污染物的生成。硝酸盐颗粒物和二次有机颗粒物的示踪模拟最复杂，因为这两种物质从前体物的排放到最后颗粒物的生成需要经历好几步反应过程。

3）PSAT 方程。PSAT 考虑了示踪物在物理过程、化学过程中生成、消除、转化过程的模拟。物理过程包括污染源的排放、初始浓度和边界浓度的引入、干湿沉降的去除作用、污染物的传输过程。化学过程包括前体物的化学转化和颗粒物的生成转化：PSO$_4$ 是气态或液态的 SO$_2$ 氧化反应后的二次产物，NO$_3$ 从 NO$_x$ 污染物转化而来，NH$_4$ 是有 NH$_3$ 转化而来等。具体计算原理可分为以下几种。

① 假设存在两种颗粒物源 $A$ 和 $B$，且 $A$ 可以转化为 $B$，计算方程为

$$c_{i,t+\Delta t}(A)=c_{i,t}(A)+c_{\Delta t}(A)\frac{c_i(A)}{\sum c_i(A)} \tag{2-40}$$

$$c_{i,t+\Delta t}(B)=c_{i,t}(B)+c_{\Delta t}(B)\frac{c_i(A)}{\sum c_i(A)} \tag{2-41}$$

式中，$C_{i,\Delta}$（$A$）为目标区域某种颗粒物的总贡献浓度，以质量分数或体积分数计算；$i$ 为考虑了不同源域及不同行业的源个数；$C_i$（$A$）为第 $i$ 类源对目标区域的贡献浓度；$C_\Delta$（$A$）为单位时间 $\Delta t$ 内对目标区域 $A$ 的贡献浓度，$C_{i,t+\Delta}$（$A$）和 $C_{i,t}$（$A$）分别为第 $i$ 类源在 $t+\Delta t$ 时刻和 $t$ 时刻对目标区域的贡献浓度。

② 假设反应为 $A$ 和 $B$ 可以相互转化，且每一时间步长都达到平衡，则公式为

$$c_{i,t+\Delta t}(A)=\left[c_{i,t}(A)+c_{i,t}(B)\right]\left(\frac{\sum c_i(A)}{\sum c_i(A)+\sum c_i(B)}\right) \tag{2-42}$$

$$c_{i,t+\Delta t}(B)=\left[c_{i,t}(A)+c_{i,t}(B)\right]\left(\frac{\sum c_i(B)}{\sum c_i(A)+\sum c_i(B)}\right) \tag{2-43}$$

4）一次颗粒物。一次颗粒物的来源贡献模拟比较简单，因为没有涉及复杂的化学反应。下面将介绍物理过程（非化学过程）对一次颗粒示踪物影响的 PSAT 方程。

颗粒物源排放（$E_{PM}$）对示踪物浓度（pm$_i$）的影响方程为：

$$\text{pm}_i(t+\Delta t)=\text{pm}_i(t)+E_{PM}\frac{e_{\text{pm}_i}}{\sum e_{\text{pm}_i}} \tag{2-44}$$

这里示踪物源排放（$e_{\text{pm}_i}$）等于各类源（$i$）排放量的总和（$E_{PM}$），即 $E_{PM}=\sum e_{\text{pm}_i}$。ICs 和 BCs 的影响方程与此类似。

一次颗粒物的干湿沉降去除过程为

$$\text{pm}_i(t+\Delta t)=\text{pm}_i(t)+\Delta_{PM}\frac{\text{pm}_i}{\sum \text{pm}_i} \tag{2-45}$$

这里总 PM 浓度的改变量将按比例分配给对应的示踪物（pm$_i$）。

一次颗粒示踪物的传输（对流和扩散）过程是一个去除过程。网格中污染物传输输入过程，因为示踪物浓度的增加必须依据上游网格（pm$_i^{up}$）示踪物的分配情况。

$$\text{pm}_i(t+\Delta t)=\text{pm}_i(t)+\Delta_{PM}\frac{\text{pm}_i^{up}}{\sum \text{pm}_i^{up}} \tag{2-46}$$

5）硫酸盐颗粒物。硫酸盐颗粒物（$PSO_4$）来自一次排放和二次生成。二次硫酸盐颗粒物是由 $SO_2$ 在气相和液相的化学氧化过程中生成的。对 $SO_2$ 和 $PSO_4$ 示踪物物理过程的影响方程与一次颗粒物类似。

每个网格每个时间步长内 $SO_2$ 到 $PSO_4$ 的化学转化过程为

$$SO_{2_i}(t+\Delta t)=SO_{2_i}(t)+\Delta_{SO_2}\frac{SO_{2_i}}{\sum SO_{2_i}} \tag{2-47}$$

$$PS_{4_i}(t+\Delta t)=PS_{4_i}(t)+\Delta_{PSO_4}\frac{SO_{2_i}}{\sum SO_{2_i}} \tag{2-48}$$

这里 $\Delta_{SO_2}$ 和 $\Delta_{PSO_4}$ 为总浓度的变化值，两个量的摩尔值是相等的。$SO_{2_i}$ 和 $PS_{4_i}$ 分别是 $SO_2$ 和 $PSO_4$ 的示踪物。PSAT 把二次硫酸盐颗粒物归属到 $SO_2$ 排放源。

6）铵盐颗粒物。铵盐颗粒物（$PNH_4$）由气态氨与硫酸和（或）硝酸的反应生成。PSAT 把 $PNH_4$ 归属到 $NH_3$ 排放源。对 $NH_3$ 和 $PNH_4$ 示踪物物理过程的影响方程与一次颗粒物类似。

CAMx 模型假设 $PNH_4$ 和 $NH_3$ 在每个气溶胶化学反应时间步长都达到了化学平衡。因此，PSAT 技术假设 $PN_4$ 和 $NH_3$ 示踪物达到平衡浓度时的方程为

$$NH_{3_i}(t+\Delta t)=[NH_{3_i}(t)+PN_{4_i}(t)]\left(\frac{NH_3}{NH_3+PNH_4}\right) \tag{2-49}$$

$$PN_{4_i}(t+\Delta t)=[NH_{3_i}(t)+PN_{4_i}(t)]\left(\frac{PNH_4}{NH_3+PNH_4}\right) \tag{2-50}$$

这里，$NH_3$ 和 $PN_4$ 每种排放源类型（$i$）的化学平衡常数等于总物种浓度（$NH_3$ 和 $PNH_4$）的平衡比率。

7）汞。汞在 CAMx 的化学机制中包含三个形式：元素汞（$Hg_0$）、氧化汞（$Hg_2$）、汞颗粒（$Hg_p$）。$Hg_p$ 在化学形式上不同于另两种形式的汞，类似于一次颗粒物示踪剂，其已在前述内容中讨论过。$Hg_0$ 和 $Hg_2$ 在气相、液相反应中相互转化。水相反应受液滴中颗粒物的量的影响。$Hg_0$、$Hg_2$、$Hg_p$ 对于示踪剂物理过程的影响可利用前述一次颗粒物反应方程的类似方程来描述。通过如下方程，由 $HG_2$ 的变化量 $\Delta_{HG_2}$ 可计算 $Hg_2$ 或 $Hg_0$ 的产生量（$\beta_{Hg_2}$ 或 $\beta_{Hg_0}$）。

$$\beta_{HG_2}=(|\Delta_{HG_2}|+\Delta_{HG_2})/2 \tag{2-51}$$

$$\beta_{HG_0}=(|\Delta_{HG_2}|-\Delta_{HG_2})/2 \tag{2-52}$$

该方程确保了产物量总是正值或 0。$Hg_0$ 和 $Hg_2$ 示踪剂的化学变化用下式计算：

$$HG_{2_i}(t+\Delta t)=HG_{2_i}(t)+\beta_{HG_2}\frac{HG_{0_i}}{\sum HG_{0_i}} \tag{2-53}$$

$$HG_{0_i}(t+\Delta t)=HG_{0_i}(t)+\beta_{HG_0}\frac{HG_{2_i}}{\sum HG_{2_i}} \tag{2-54}$$

8）硝酸盐颗粒物、二次有机颗粒物气溶胶。硝酸盐颗粒物（$PNO_3$）由气态硝酸（$HNO_3$）与 $NH_3$ 的反应生成。$HNO_3$ 是氮氧化物（$NO_x$）气相和液相反应的二次产物。PSAT 把二次硝酸盐颗粒物归属到 $NO_x$ 排放源。PSAT 技术在对 $PNO_3$ 进行来源分配时比其他颗粒物类型都要复杂，因为从 $NO_x$ 到 $HNO_3$ 的化学转化必须经历几个 $NO_y$ 物种反应过程。

CAMx 模型中二次有机颗粒物气溶胶（SOA）形成的机制：首先 VOC 被氧化剂 [OH、$O_3$、O（3P）或 $NO_3$] 氧化生成可压缩气体，接着可压缩性气体（CG）被分割成气溶胶状态生成二次有机气溶胶，CG 的产量和 CG 的特点由反应的 VOC 物种决定，有些反应将生

成两种 CG，反映及示踪过程也很复杂。

针对硝酸盐颗粒、二次有机颗粒物气溶胶的具体方程不再详述，具体见文献 [115]。

## 2.5.2　CAEMS 设计框架

大气环境质量管理平台 CAEMS 基于当前大气环境容量研究前沿技术，采用美国宾西法尼亚大学、美国国际气象预报中心、风暴分析预报中心和美国环境预测中心开发的 MM5、WRF 作为基础，进行气象模型集成，并与美国国家环保署（EPA）开发的大气质量模型 CMAQ/CAMx 相耦合，建立了城市大气环境管理平台，其中 CAMx 的主要作用为通过其内嵌的颗粒物来源识别技术（PSAT）形成网格化敏感区域快速计算模块。同时充分考虑唐山市的地形、地貌等因素，建立动态大气环境管理平台，可模拟唐山市的大气质量分布，并计算大气环境容量及识别对该地区污染贡献较大的敏感源及敏感区域，为政府部门的环境决策和管理提供的科学数据支持。

CAEMS 设计为 30d 循环模拟的形式，将气象模型的接口程序设计为可按月读取的方式，并将标准格式的污染源资料利用 Fortran 90 编程软件输入到大气质量模型系统中，经大气质量模型模拟后即可得出区域内污染物的时空分布。通过修改污染源排放方案，定量研究关心地区的污染物前后变化规律，帮助制定环境规划方案。

CAEMS 主要分为五个模块：污染源数据库控制模块；气象模型集成模块；大气质量计算控制模块；数据集文件夹；后处理模块。

CAEMS 整体架构如图 2-14 所示。

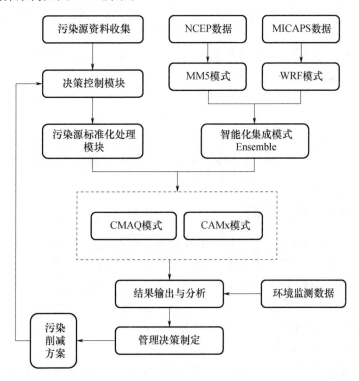

图 2-14　CAEMS 整体架构

### 2.5.3　CAEMS 功能

大气环境管理平台主要功能如下：

（1）实现唐山市大气污染贡献敏感区域筛选。受地形、气象等因素的影响，单位质量污染物排放量在不同地区对唐山市的影响是不一样的，所以通过增加单位质量污染物，制定相应模拟方案，并利用平台进行模拟，研究各区域对唐山市大气环境污染物浓度的贡献值（率），定量敏感区域的敏感程度。贡献值（率）较大的污染源域，即为污染贡献敏感区域。

（2）建立起各类污染源与环境质量的相关关系。应用该管理平台将对不符合产业政策、能耗大的企业的污染源与敏感系数相结合来进行排序，可建立起各类污染源与环境质量的相关关系，并在 GIS 系统上实时再现不同的污染源分布及大气环境质量的变化情况。

（3）多层次的环境容量计算。利用大气环境质量管理平台，可实现多层次的环境容量计算。

在市区管理控制层次，以唐山市中心为控制目标区域，计算了唐山市各区县在满足唐山市市区不同达标率情况下的大气环境容量，从而为制定市区大气环境控制规划打下科学的基础。

同时，利用平台的污染贡献敏感区域快速计算模块，将整个唐山市分为 9km×9km 网格，计算了每个网格间的相互贡献影响，并以每个网格均达到大气质量二级标准为目标，确定了该情况下的各网格的理想环境容量。

（4）研究确定周边地区大气污染源对唐山市的影响与贡献情况及相互影响。采用剔除污染源的方式，研究唐山市周边区域包括北京、天津、辽宁及内蒙古部分地区对唐山市大气污染的贡献作用。

（5）为政府制定大气污染控制政策提供科学依据。大气环境管理平台可以实现上述不同方案的仿真模拟，从而为政府制定大气污染控制政策提供科学依据：运用平台研究提出不同的环境质量达标率的控制方案；根据环境目标的要求，研究确定最优的大气环境污染控制决策方案。

政府根据不同的大气质量控制目标优先考虑削减不符合产业政策的排放源和大气环境管理平台模拟确定的对区域大气质量影响较大的敏感污染源，确定最优的区域大气环境污染控制决策方案。

### 2.5.4　大气质量模型验证

（1）三种气象输入场的大气质量模型对比分析。将集成模型与大气质量模型 CMAQ 相耦合（Ensem-CMAQ），计算了重污染过程的大气质量 $PM_{10}$ 的变化情况。同时，用 MM5-CMAQ 和 WRF-CMAQ 耦合模型模拟了两个过程的 $PM_{10}$ 变化情况。2006-1-19-20：00 时刻的 $PM_{10}$ 浓度模拟差值如图 2-15 所示。选取了北京市区的 7 个大气质量监测站、天津 3 个大气质量监测站和唐山的 3 个大气质量监测站数据进行统计。图 2-16 给出了前文所选取的两个重污染过程的 $PM_{10}$ 模拟误差统计结果。

图 2-15（a）显示了 2006-1-19-20：00 时刻的 Ensem-CMAQ 与 MM5-CMAQ 的 $PM_{10}$ 模拟误差值。图 2-15（b）显示了该时刻 Ensem-CMAQ 和 WRF-CMAQ 的 $PM_{10}$ 模拟误差值。从图中可以看出，北京、天津、唐山地区在这一时刻的 $PM_{10}$ 浓度值均有所变化，说明气象场优化后对该地区的大气质量模拟结果影响较大。图 2-16（a）给出了过程 1 的统计值，

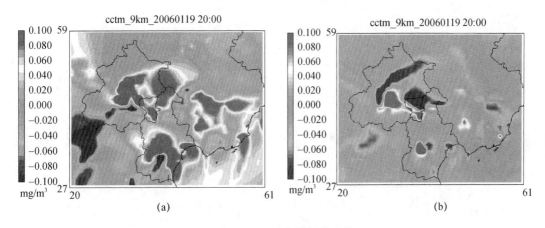

图 2-15　PM$_{10}$ 浓度模拟值差值

(a) MM5-CMAQ；(b) WRF-CMAQ

MBE 值显示，MM5-CMAQ 的 PM$_{10}$ 模拟结果整体偏低，WRF-CMAQ 的模拟结果整体偏高。MAGE 及 RMSE 均显示，Ensem-CMAQ 的平均绝对偏差及离散程度均好于其他两种，Ensem-CMAQ 的 PM$_{10}$ 绝对均值误差提高 6% 以上，结果更靠近观测值。图 2-16 (b) 对过程 2 的分析也给出了相同的结果，这说明集成气象模型对大气质量模拟的提高是具有普遍性的。

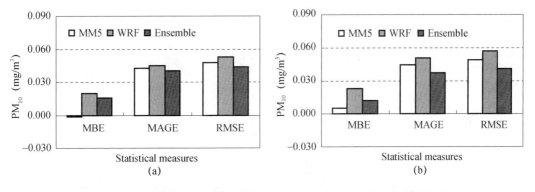

图 2-16　MM5-CMAQ、WRF-CMAQ 和 Ensem-CMAQ 的 PM$_{10}$ 模拟误差

(a) 过程 1；(b) 过程 2

(2) CAEMS 的 PM$_{10}$ 模拟效果评估。为了对模型模拟结果从整体上进行把握，通过 2006 年基准年的日均值主体大气质量模型（ENSEM-CMAQ）的模拟结果与监测值之间的对比来整体评估模型系统的准确程度。对比验证选取的模拟时段为 2006 年各季节的代表月份（春（4 月 1 日至 30 日）、夏（7 月 1 日至 7 月 30 日）、秋（10 月 1 日至 30 日）、冬（1 月 1 日至 30 日））；选择的控制点为唐山市的雷达站、物资局和供销社三个国控点；选取的数据为模拟结果与监测值的上述三站平均的日均值（每月选取样本数据均为 30d）。用散点图和相关性分析结果反映模拟结果与实际观测值之间的关系。其中散点图反映模拟结果与监测值之间的接近程度；而相关系数则反映出模拟趋势的好坏，相关系数越大，模拟的趋势越好。图 2-17 给出 1、4、7、10 月 PM$_{10}$ 日均值模拟结果与监测值对比散点图，图 2-18 给出 1 月 SO$_2$ 日均值模拟结果与监测值对比散点图，模拟值与监测值的 Pearson 相关系数见表 2-5。

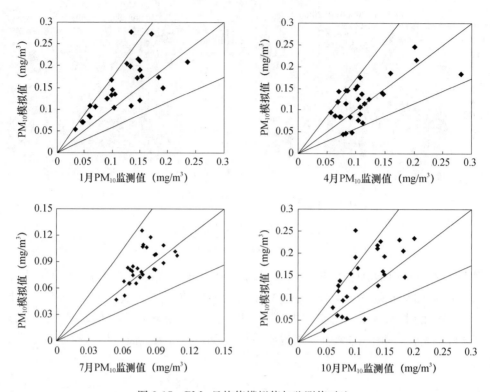

图 2-17  PM$_{10}$ 日均值模拟值与监测值对比

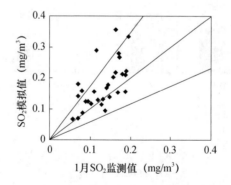

图 2-18  SO$_2$ 日均值模拟值与监测值对比

表 2-5  监测值与模拟值的 Pearson 相关系数 $r$

| 污染物 | 月份 | Pearson 相关系数 $r$ |
|---|---|---|
| PM$_{10}$ | 1 月 | 0.674 |
| | 4 月 | 0.668 |
| | 7 月 | 0.632 |
| | 10 月 | 0.782 |
| SO$_2$ | 1 月 | 0.647 |

注：Pearson 相关系数是用相同间隔或比例测定的数据进行计算。一般认为相关系数绝对值为 0.6～0.8 时，为高度相关，大于 0.8 时为非常高度相关。

由图可以看出：①1 月 $PM_{10}$ 日均值模拟结果较好，经过 Pearson 相关性分析，在显著性水平为 0.01、置信度为 100％时，Pearson 相关系数 $r=0.674$，在统计学意义上具有高度正相关性，模拟结果具有较高的可信性和可靠性；②4 月 $PM_{10}$ 日均值模拟结果较好，但是模拟值的日均波动要大于监测值，这可能与模拟值的取点有关，Pearson 相关系数 $r=0.668$，在统计学意义上具有高度正相关性；③7 月污染模拟结果整体偏高，这可能是由于夏季大气对流活动复杂多变造成的，已有文章研究表明，夏季的大气质量模拟效果要低于冬季模拟效果。从表 2-5 可以看出，7 月 $PM_{10}$ 日均值模拟结果与监测值 Pearson 相关系数 $r=0.632$，在统计学意义上模拟结果与监测值仍具有较好的正相关性；④10 月模拟结果的数值偏高，但 Pearson 相关系数 $r=0.782$，在统计学意义上具有很高的正相关性，说明模型模拟结果可靠；⑤图 2-18 给出 1 月 $SO_2$ 日均值模拟结果与监测值对比散点图。从图中可以看出，模拟结果总体偏高，但 Pearson 相关系数 $r=0.647$，在统计学意义上日均值模拟结果与监测值日均值具有正相关性，模拟结果可靠。

（3）小结。根据对比分析发现，集成后的大气质量模拟效果较其他两种气象输入场有一定的提高，这说明气象模型集成方法为大气质量模型模拟效果的提高起到了积极的作用。但是平台模拟数据与监测数据的相关性仍不理想。这是因为大气质量模拟除受气象场影响外，还受污染源清单地准确定影响。研究可将优化污染源清单作为下一步研究的重点。另外，CMAQ 模型自身对模拟结果的准确性也有一定的影响。

### 2.5.5　不确定性分析

（1）气象模型集成。模型模拟的不确定性主要体现在集成过程涉及大量数据的提取和不同操作系统下的切换，智能化方法的灰色性质也将带来一定的不确定性。气象模型的智能化集成的不确定性主要表现在以下几个方面：

1）两种气象模型采用的数据的格式及网格结构不同。MM5 的输出结果为二进制格式，网格结构为 Arakawa-B 常规跳点网格（图 2-19）；WRF 的模拟结果为 IOAPI 格式，网格结构为 Arakawa-C 常规跳点网格（图 2-20）；监测数据所在点的数值处于格点之中。所以，这里统一将数据的网格结构差值处理为与监测数据一致。插值过程中势必对结果产生一定的不确定性影响。

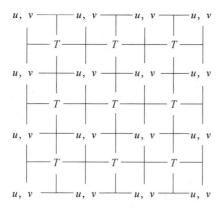
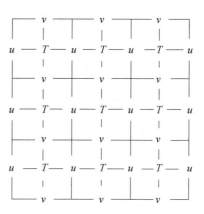

图 2-19　Arakawa-B 网格结构图　　图 2-20　Arakawa-C 网格结构图

2）在集成过程中发现，基于神经网络的智能化集成方法在一定程度上存在着不可控制性，当两种模型对某一时刻的气象场模拟相差较大时，则会出现极值点，从而使得误差比两种模型分别模拟时大。平台在处理该问题时采用选取误差最小的模型，以屏蔽极值影响。另外，矢量数据（如风）的集成是出现极值最多的情况，极值出现的原因及修正措施有待于进一步研究。

3）在监测点周围及监测时段上，该集成方法的误差明显减小。但是，对其他没有监测点的地区及监测时间以外的时段的场模拟结果的模拟情况不确定。

（2）CAEMS 系统的模拟及应用。对于 CAEMS 系统，不确定性主要体现在污染源基础数据的调查和气象场不确定性上。

1）唐山市污染源基础数据。在唐山市地区的污染源收集过程中，由于无组织污染源排放数据收集较困难，部分需要的数据不全，导致模拟结果的偏差性，从而导致预测方案的模拟出现偏差，给研究带来一定的不确定性影响。

2）除唐山外其他区域环境污染源强预测。这里假设唐山周边省市污染情况不变的情况下得出规划控制方案。如果周边尤其是周边地区的污染源变化较大，则需要对污染源数据进行调整。由此将给方案的制定带来一定的不确定性。建议在设定规划方案时，每隔一定年限做一次污染源修正。

3）气象场的模拟。相关研究表明，大气质量的模拟结果主要受污染源及气象因素的影响。气象场模拟的不确定性因素将直接影响大气环境质量的模拟，从而产生一定的不确定性。如何提高模拟精度仍是今后研究的重点。

# 第 3 章　CAEMS 在敏感区域/源筛选中的应用

CAEMS 提供了两种敏感区域计算模块：基于 CMAQ 的计算模块；基于 CAMx 的多方案快速计算模块。CMAQ 敏感计算模块目前采用的是单方案逐次计算方法，CAMx 则利用 PSAT 实现了区域敏感性多方案的快速计算。本章对比了两种模块相同方案的污染贡献敏感性结果，并提出了根据污染贡献敏感区域研究结果来实现敏感源的筛选的技术方法，为规划决策提供依据。同时，拟利用 CAMx 的快速计算模块，建立起一套城市尺度污染贡献敏感性三维空间分布方案，为决策提供更科学的数据支持。为了更全面地分析区域污染贡献，笔者进行了基于城市尺度污染贡献敏感性的三维空间分布研究，从源排放的合理性分析、全局控制区域的污染贡献敏感性、局部控制区域的污染贡献敏感性、污染系数玫瑰图法在城市尺度污染贡献敏感分析中的局限性及三维污染贡献敏感系数矩阵的建立方面进行了全面的分析，并通过 PCA 和 CCA 分析，确定了与区域贡献相关的气象因素；根据敏感性判别结果，分区域、分行业地筛选了影响唐山市市区的敏感源。该敏感区域及敏感源的研究方法可为环境管理及规划控制提供有力支持。

## 3.1　基于 CMAQ 模块的敏感区域筛选

考虑到唐山市市区的大气污染主要来自于本市的污染源排放，周边省市对唐山的贡献率 $PM_{10}$ 仅为 24.24%，$SO_2$ 仅为 13.57%（详见第 6 章）。所以在唐山市界内，以唐山市市区为中心，筛选对唐山市市区影响较大的敏感区域。

### 3.1.1　方案设计

笔者基于 GIS 模型系统，以唐山市行政区划为依据，并同时考虑唐山现有工业源的位置（图 3-1），设计了敏感区域计算方案。在选定区域内，增加相同的污染物排放量，以确定各地区对唐山市市区的污染贡献率。拟通过对比个例情景与基本情景模拟结果筛选影响唐山市大气污染的周边地区敏感区域。

（1）控制区域。选择的控制区域为图 3-2 中覆盖唐山市市区的阴影区域，该区域内的 36 个 3km×3km 网格包括唐山市城区的大部分面积，市内国控监测点亦在其中。这里利用该控制区域内模拟结果的平均值来计算各个方案的贡献值。

（2）模拟情景。设定情景时，主要研究唐山地区的敏感区域，考虑了整个唐山市各类污染源的排放情况，便于为今后的项目建设选址提供指导。

由于监测点位于唐山市城区中心，所以研究唐山市城区周边范围对唐山市市区中心的大气污染影响较大的敏感区。研究设定图 3-2 所示的网格区域为中心，从城区和周围 11 个地区（古冶、丰南、丰润、玉田、遵化、迁西、迁安、滦县、滦南、唐海、乐亭地区）中选择 12 块面积相同的网格区域。网格选择的原则：①最大限度地覆盖各区县的工业源；②充分考虑到各县的具体形状，分别在每个网格区域内增加 2200t$PM_{10}$ 和 1300t$SO_2$ 污染源。对每个区域增加源后的模拟结果与基本情景进行比较，得出 12 个区域的相互贡献敏感性系数矩阵，即可判断对唐山市市区影响较大的敏感区域。

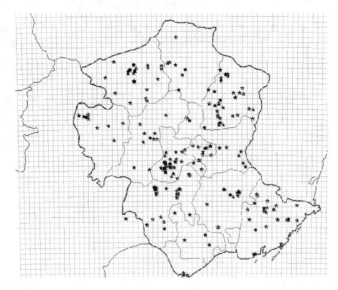

图 3-1　唐山市工业源分布情况

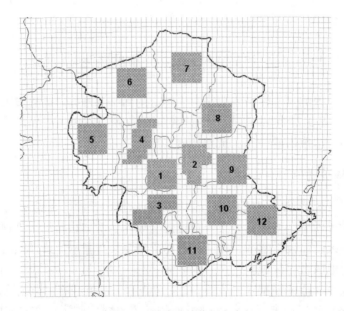

图 3-2　敏感区域分析方案

（3）模拟时间。研究 $PM_{10}$ 贡献时，模拟时间选取为 2006 年各季节的代表月份，即春（4 月）、夏（7 月）、秋（10 月）、冬（1 月）共 48 个案例；由于 $SO_2$ 只有在冬季超标，所以研究 $SO_2$ 时，只模拟 1 月份数据，共 12 个案例；为处理方便，每个月份均取前 30d 进行计算。

### 3.1.2　模拟结果分析

（1）1 月各区域污染源产生的 $PM_{10}$ 对唐山市大气污染的影响。表 3-1 给出了基准年 1 月模拟区域各区域污染源增加后对各影响区域的贡献均值。

表 3-1　1 月各区域 PM$_{10}$ 相互贡献均值 ［μg/(m³·t)］

| 源区 | 目标区 | | | | | | | | | | | |
|---|---|---|---|---|---|---|---|---|---|---|---|---|
| | 市区 | 古冶 | 丰润 | 丰南 | 玉田 | 遵化 | 迁安 | 迁西 | 滦县 | 滦南 | 唐海 | 乐亭 |
| 市区 | 1.1172 | 0.0541 | 0.0715 | 0.0691 | 0.0351 | 0.0062 | 0.0105 | 0.0070 | 0.0148 | 0.0222 | 0.0315 | 0.0156 |
| 古冶 | 0.1419 | 1.0873 | 0.0598 | 0.0343 | 0.0341 | 0.0076 | 0.0423 | 0.0083 | 0.1211 | 0.0307 | 0.0161 | 0.0221 |
| 丰润 | 0.1567 | 0.0468 | 1.1422 | 0.0349 | 0.1585 | 0.0132 | 0.0198 | 0.0157 | 0.0007 | 0.0119 | 0.0212 | 0.0095 |
| 丰南 | 0.0344 | 0.0199 | 0.0028 | 1.0752 | 0.0044 | 0.0011 | 0.0038 | 0.0024 | 0.0143 | 0.0344 | 0.0814 | 0.0112 |
| 玉田 | 0.0246 | 0.0106 | 0.0529 | 0.0106 | 1.0728 | 0.0199 | 0.0054 | 0.0082 | 0.0045 | 0.0018 | 0.0055 | 0.0009 |
| 遵化 | 0.0246 | 0.0182 | 0.0450 | 0.0154 | 0.0408 | 1.0941 | 0.0202 | 0.0362 | 0.0088 | 0.0070 | 0.0112 | 0.0062 |
| 迁安 | 0.0321 | 0.0825 | 0.0523 | 0.0105 | 0.0307 | 0.0168 | 1.1068 | 0.0212 | 0.0448 | 0.0145 | 0.0097 | 0.0156 |
| 迁西 | 0.0131 | 0.0317 | 0.0245 | 0.0064 | 0.0175 | 0.0660 | 0.0768 | 1.0275 | 0.0008 | 0.0092 | 0.0072 | 0.0088 |
| 滦县 | 0.0740 | 0.3570 | 0.0160 | 0.0317 | 0.0083 | 0.0016 | 0.0191 | 0.0088 | 1.0714 | 0.0461 | 0.0106 | 0.0213 |
| 滦南 | 0.0071 | 0.0181 | 0.0018 | 0.1183 | 0.0011 | 0.0016 | 0.0012 | 0.0011 | 0.0053 | 0.7037 | 0.1479 | 0.0346 |
| 唐海 | 0.0105 | 0.0073 | 0.0035 | 0.0468 | 0.0023 | 0.0013 | 0.0031 | 0.0019 | 0.0083 | 0.0295 | 1.0361 | 0.0250 |
| 乐亭 | 0.0087 | 0.0080 | 0.0032 | 0.0174 | 0.0024 | 0.0007 | 0.0021 | 0.0011 | 0.0043 | 0.0407 | 0.0499 | 0.9901 |

　　表 3-1 中数据显示，基准年 1 月模拟时段内丰润区域内增加污染源后对唐山市市区的污染贡献均值最大，即最敏感区域，贡献均值为 0.1567μg/(m³·t)，该区域污染源增加后对唐山市 PM$_{10}$ 贡献值的逐时曲线如图 3-3 所示。通过对基准年 1 月的气象资料分析得知，1 月出现频率最高的为正东方向气流（图 3-4 的风向频率玫瑰图），其次为正西方向，可见敏感区域分布与气流出现频率排序存在一定的差异。因为污染物排放对区域造成污染的敏感程度不仅与风频有关，还与风速等其他条件相关。正东方位气流强度较大，对污染物的扩散较为有利，因此该方位区域单位质量污染物排放对目标区域即唐山市城区的污染物浓度贡献并非最大；综合考虑气流频次和气流强度的影响，计算各方位的污染系数，即求得各方位风频与平均风速之比值，结果如图 3-4 中的污染系数玫瑰图所示。由图可以看出，西方、西北方位污染系数最高，因此该方向的区域内单位质量污染物排放对唐山市城区的污染物浓度贡献较大，即为丰润地区。

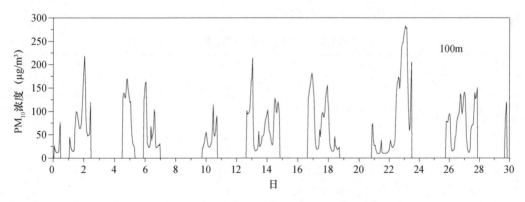

图 3-3　1 月丰润区域污染源对唐山市 PM$_{10}$ 贡献值逐时曲线

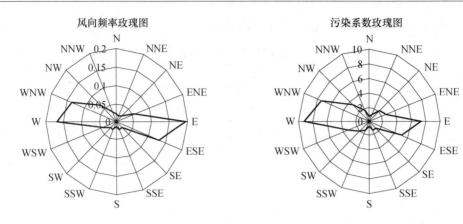

图 3-4　2006 年 1 月风向频率及污染系数玫瑰图

除最敏感方位外，位于唐山市市区正东方位的古冶污染源增加后对唐山市 $PM_{10}$ 贡献均值为 $0.1419\mu g/(m^3 \cdot t)$，为次敏感区域；同时位于古冶正东方的滦县也成为对唐山市市区污染贡献值的第三敏感区域，1 月的贡献均值为 $0.0740\mu g/(m^3 \cdot t)$。

另外，表 3-1 还给出了各区县之间的相互贡献均值，如果以各区县为中心来看，对各区县污染贡献最大的区域的方位具有较高的一致性，基本上为中心地区的东、西、西北方位。这也说明，整个唐山地区的风向情况为东西风占主要地位。

（2）4 月各区域污染源产生的 $PM_{10}$ 对唐山市大气污染的影响。表 3-2 给出了基准年 4 月模拟区域各区域污染源增加后对各影响区域的贡献均值。数据显示，基准年 4 月模拟时段内丰润区域内增加污染源后对唐山市市区的污染贡献均值仍最大，即最敏感区域，贡献均值为 $0.0582\mu g/(m^3 \cdot t)$。除最敏感方位外，位于唐山市市区正东方位的古冶污染源增加后对唐山市 $PM_{10}$ 的贡献均值为 $0.0567\mu g/(m^3 \cdot t)$，仅次于丰润，为次敏感区域；同时位于偏西南方向的丰南成为对唐山市市区污染贡献值的第三敏感区域，4 月的贡献均值为 $0.0373\mu g/(m^3 \cdot t)$。

通过对基准年 4 月的气象资料分析得知，4 月出现频率最高的为正东方向气流，其次为东偏南方向，再次为正西方向。污染系数玫瑰图也显示了这几个方向的污染系数为最大。又由于各区域到市区的距离原因，所以位于市区东南方位的各区县对市区的影响暂时小于东、西方位的区县影响，形成了表 3-2 中的污染贡献情况。另外，表 3-2 中，各区县之间的相互贡献均值，如果以各区县为中心来看，对各区县污染贡献最大的区域的方位仍具有较高的一致性，基本上为中心地区的东、西、东南方位。

表 3-2　4 月各区域 $PM_{10}$ 相互贡献均值［$\mu g/(m^3 \cdot t)$］

| 源区 | 目标区 | | | | | | | | | | | |
| --- | --- | --- | --- | --- | --- | --- | --- | --- | --- | --- | --- | --- |
| | 市区 | 古冶 | 丰润 | 丰南 | 玉田 | 遵化 | 迁安 | 迁西 | 滦县 | 滦南 | 唐海 | 乐亭 |
| 市区 | 0.6404 | 0.0171 | 0.0745 | 0.0308 | 0.0228 | 0.0067 | 0.0097 | 0.0031 | 0.0023 | 0.0015 | 0.0084 | 0.0028 |
| 古冶 | 0.0567 | 0.6084 | 0.0461 | 0.0162 | 0.0198 | 0.0116 | 0.0360 | 0.0087 | 0.0421 | 0.0183 | 0.0113 | 0.0069 |
| 丰润 | 0.0582 | 0.0046 | 0.6404 | 0.0114 | 0.0777 | 0.0175 | 0.0049 | 0.0080 | 0.0037 | 0.0040 | 0.0037 | 0.0025 |
| 丰南 | 0.0373 | 0.0121 | 0.0110 | 0.6088 | 0.0062 | 0.0017 | 0.0027 | 0.0021 | 0.0064 | 0.0063 | 0.0196 | 0.0033 |
| 玉田 | 0.0029 | 0.0022 | 0.0152 | 0.0018 | 0.6404 | 0.0150 | 0.0015 | 0.0041 | 0.0014 | 0.0014 | 0.0013 | 0.0013 |
| 遵化 | 0.0070 | 0.0035 | 0.0107 | 0.0024 | 0.0148 | 0.6404 | 0.0037 | 0.0079 | 0.0025 | 0.0012 | 0.0009 | 0.0006 |
| 迁安 | 0.0112 | 0.0320 | 0.0191 | 0.0045 | 0.0093 | 0.0128 | 0.6404 | 0.0241 | 0.0107 | 0.0057 | 0.0042 | 0.0027 |

续表

| 源区 | 目标区 | | | | | | | | | | | |
|---|---|---|---|---|---|---|---|---|---|---|---|---|
| | 市区 | 古冶 | 丰润 | 丰南 | 玉田 | 遵化 | 迁安 | 迁西 | 滦县 | 滦南 | 唐海 | 乐亭 |
| 迁西 | 0.0055 | 0.0086 | 0.0094 | 0.0035 | 0.0058 | 0.0407 | 0.0092 | 0.6404 | 0.0037 | 0.0017 | 0.0015 | 0.0002 |
| 滦县 | 0.0326 | 0.1045 | 0.0128 | 0.0127 | 0.0060 | 0.0017 | 0.0175 | 0.0032 | 0.6404 | 0.0320 | 0.0094 | 0.0054 |
| 滦南 | 0.0278 | 0.0285 | 0.0157 | 0.0411 | 0.0128 | 0.0062 | 0.0082 | 0.0050 | 0.0459 | 0.5861 | 0.0465 | 0.0191 |
| 唐海 | 0.0206 | 0.0146 | 0.0113 | 0.0694 | 0.0092 | 0.0056 | 0.0062 | 0.0025 | 0.0163 | 0.0256 | 0.5875 | 0.0092 |
| 乐亭 | 0.0153 | 0.0173 | 0.0110 | 0.0125 | 0.0087 | 0.0052 | 0.0082 | 0.0050 | 0.0283 | 0.0640 | 0.0241 | 0.5861 |

（3）7 月各区域污染源产生的 $PM_{10}$ 对唐山市大气污染的影响。表 3-3 给出了基准年 7 月各区域污染源增加后对各影响区域的贡献均值。

表 3-3　7 月各区域 $PM_{10}$ 相互贡献均值 $[\mu g/(m^3 \cdot t)]$

| 源区 | 目标区 | | | | | | | | | | | |
|---|---|---|---|---|---|---|---|---|---|---|---|---|
| | 市区 | 古冶 | 丰润 | 丰南 | 玉田 | 遵化 | 迁安 | 迁西 | 滦县 | 滦南 | 唐海 | 乐亭 |
| 市区 | 0.8631 | 0.0212 | 0.1255 | 0.0341 | 0.0378 | 0.0143 | 0.0126 | 0.0100 | 0.0075 | 0.0073 | 0.0066 | 0.0037 |
| 古冶 | 0.0849 | 0.7975 | 0.0564 | 0.0111 | 0.0210 | 0.0172 | 0.0478 | 0.0198 | 0.0290 | 0.0171 | 0.0072 | 0.0034 |
| 丰润 | 0.0555 | 0.0103 | 0.8631 | 0.0078 | 0.1044 | 0.0352 | 0.0098 | 0.0128 | 0.0026 | 0.0013 | 0.0026 | 0.0013 |
| 丰南 | 0.0660 | 0.0163 | 0.0238 | 0.8631 | 0.0152 | 0.0069 | 0.0079 | 0.0063 | 0.0104 | 0.0117 | 0.0245 | 0.0025 |
| 玉田 | 0.0092 | 0.0025 | 0.0203 | 0.0031 | 0.8631 | 0.0217 | 0.0045 | 0.0078 | 0.0016 | 0.0010 | 0.0006 | 0.0005 |
| 遵化 | 0.0046 | 0.0013 | 0.0132 | 0.0010 | 0.0123 | 0.8631 | 0.0026 | 0.0129 | 0.0012 | 0.0008 | 0.0010 | 0.0002 |
| 迁安 | 0.0121 | 0.0343 | 0.0325 | 0.0029 | 0.0159 | 0.0222 | 0.8631 | 0.0453 | 0.0132 | 0.0042 | 0.0025 | 0.0018 |
| 迁西 | 0.0044 | 0.0055 | 0.0059 | 0.0016 | 0.0073 | 0.0590 | 0.0158 | 0.8631 | 0.0026 | 0.0006 | 0.0004 | 0.0010 |
| 滦县 | 0.0412 | 0.1567 | 0.0222 | 0.0217 | 0.0090 | 0.0090 | 0.0352 | 0.0099 | 0.8631 | 0.0343 | 0.0059 | 0.0097 |
| 滦南 | 0.0279 | 0.0579 | 0.0188 | 0.0401 | 0.0100 | 0.0113 | 0.0143 | 0.0100 | 0.0476 | 0.6360 | 0.0375 | 0.0098 |
| 唐海 | 0.0409 | 0.0159 | 0.0227 | 0.0942 | 0.0151 | 0.0081 | 0.0078 | 0.0063 | 0.0111 | 0.0138 | 0.6167 | 0.0062 |
| 乐亭 | 0.0121 | 0.0257 | 0.0106 | 0.0150 | 0.0071 | 0.0082 | 0.0169 | 0.0074 | 0.0513 | 0.0617 | 0.0251 | 0.6360 |

表 3-3 数据显示，基准年 7 月模拟时段内古冶区域内增加污染源后对唐山市市区的污染贡献均值仍最大，即最敏感区域，贡献均值为 $0.0849\mu g/(m^3 \cdot t)$。除最敏感方位外，位于唐山市市区南方的丰南污染源增加后对唐山市 $PM_{10}$ 贡献均值为 $0.0660\mu g/(m^3 \cdot t)$，为次敏感区域；同时位于正西方向的丰润成为对唐山市市区污染贡献均值的第三敏感区域，7 月的贡献均值为 $0.0555\mu g/(m^3 \cdot t)$。

通过对基准年 7 月的气象资料分析得知，7 月出现频率最高的为正东方向气流，其次为东偏南方向，再次为正南方向。污染系数玫瑰图也显示了这几个方向的污染系数为最大。由于各区域到市区的距离原因，位于市区东南方位的各区县对市区的影响暂时小于西方位的丰润区县的影响。

同 1 月、4 月的分析一致，表 3-3 中，如果以各区县为中心来看，对各区县污染贡献最大的区域的方位仍具有较高的一致性，基本上为中心地区的东、东南、南方位。

（4）10 月各区域污染源产生的 $PM_{10}$ 对唐山市大气污染的影响。表 3-4 给出了基准年 10 月模拟区域各区域污染源增加后对各影响区域的贡献均值。

**表 3-4　10 月各区域 PM$_{10}$相互贡献均值［μg/(m³·t)］**

| 源区 | 目标区 | | | | | | | | | | | |
|---|---|---|---|---|---|---|---|---|---|---|---|---|
| | 市区 | 古冶 | 丰润 | 丰南 | 玉田 | 遵化 | 迁安 | 迁西 | 滦县 | 滦南 | 唐海 | 乐亭 |
| 市区 | 0.9617 | 0.0714 | 0.0969 | 0.0219 | 0.0146 | 0.0047 | 0.0304 | 0.0153 | 0.0217 | 0.0029 | 0.0020 | 0.0012 |
| 古冶 | 0.0677 | 0.9378 | 0.0336 | 0.0270 | 0.0123 | 0.0077 | 0.0773 | 0.0207 | 0.0627 | 0.0127 | 0.0083 | 0.0033 |
| 丰润 | 0.0392 | 0.0139 | 0.9617 | 0.0020 | 0.0543 | 0.0208 | 0.0344 | 0.0283 | 0.0037 | 0.0016 | 0.0013 | 0.0008 |
| 丰南 | 0.0790 | 0.0365 | 0.0120 | 0.9617 | 0.0066 | 0.0029 | 0.0158 | 0.0059 | 0.0306 | 0.0345 | 0.0081 | 0.0046 |
| 玉田 | 0.0058 | 0.0046 | 0.0533 | 0.0021 | 0.9617 | 0.0450 | 0.0161 | 0.0190 | 0.0020 | 0.0001 | 0.0003 | 0.0002 |
| 遵化 | 0.0016 | 0.0016 | 0.0043 | 0.0005 | 0.0346 | 0.9617 | 0.0037 | 0.0493 | 0.0002 | 0.0001 | 0.0002 | 0.0001 |
| 迁安 | 0.0331 | 0.0534 | 0.0300 | 0.0092 | 0.0125 | 0.0089 | 0.9617 | 0.0190 | 0.0268 | 0.0014 | 0.0021 | 0.0009 |
| 迁西 | 0.0048 | 0.0014 | 0.0227 | 0.0015 | 0.0200 | 0.0380 | 0.0026 | 0.9617 | 0.0013 | 0.0001 | 0.0002 | 0.0002 |
| 滦县 | 0.0182 | 0.0811 | 0.0089 | 0.0315 | 0.0055 | 0.0053 | 0.0208 | 0.0038 | 0.9617 | 0.0534 | 0.0227 | 0.0121 |
| 滦南 | 0.0114 | 0.0208 | 0.0067 | 0.0282 | 0.0052 | 0.0030 | 0.0084 | 0.0022 | 0.0878 | 0.9617 | 0.1069 | 0.0218 |
| 唐海 | 0.0065 | 0.0183 | 0.0038 | 0.0350 | 0.0048 | 0.0011 | 0.0081 | 0.0022 | 0.0283 | 0.1026 | 0.9617 | 0.0339 |
| 乐亭 | 0.0064 | 0.0066 | 0.0048 | 0.0082 | 0.0018 | 0.0013 | 0.0032 | 0.0012 | 0.0103 | 0.0341 | 0.0243 | 0.9617 |

表 3-4 数据显示，基准年 10 月模拟时段内丰南区域内增加污染源后对唐山市市区的污染贡献均值仍最大，即最敏感区域，贡献均值为 0.0790μg/(m³·t)。除最敏感方位外，位于唐山市市区正东方位的古冶污染源增加后对唐山市 PM$_{10}$贡献均值为 0.0677μg/(m³·t)，仅次于丰南，为次敏感区域；同时位于正西方向的丰润成为对唐山市市区污染贡献值的第三敏感区域，10 月的贡献均值为 0.0392μg/(m³·t)；位于东北方向的迁安排名第四，贡献均值为 0.0331μg/(m³·t)。通过对基准年 10 月的气象资料分析得知，10 月出现频率最高的为正东方向气流，其次为西偏南方向，再次为东北方向及正南方向。污染系数玫瑰图分析也显示了这几个方向的污染系数为最大。东北方向的影响在 10 月才有所显露。

另外，表 3-4 中，各区县之间的相互贡献均值，如果以各区县为中心来看，对各区县污染贡献最大的区域的方位仍具有较高的一致性，基本上为中心地区的东、西、东北方位。

（5）全年各区域污染源产生的 PM$_{10}$对唐山市大气污染的影响。表 3-5 给出了基准年模拟区域各区域污染源增加后对各影响区域的贡献均值。

**表 3-5　2006 年各区域 PM$_{10}$相互贡献均值［μg/(m³·t)］**

| 源区 | 目标区 | | | | | | | | | | | |
|---|---|---|---|---|---|---|---|---|---|---|---|---|
| | 市区 | 古冶 | 丰润 | 丰南 | 玉田 | 遵化 | 迁安 | 迁西 | 滦县 | 滦南 | 唐海 | 乐亭 |
| 市区 | 0.8956 | 0.0409 | 0.0921 | 0.0390 | 0.0276 | 0.0080 | 0.0158 | 0.0089 | 0.0116 | 0.0085 | 0.0121 | 0.0058 |
| 古冶 | 0.0878 | 0.8577 | 0.0490 | 0.0222 | 0.0218 | 0.0110 | 0.0508 | 0.0144 | 0.0637 | 0.0197 | 0.0107 | 0.0089 |
| 丰润 | 0.0774 | 0.0189 | 0.9018 | 0.0140 | 0.0987 | 0.0217 | 0.0172 | 0.0162 | 0.0027 | 0.0047 | 0.0072 | 0.0035 |
| 丰南 | 0.0542 | 0.0212 | 0.0124 | 0.8772 | 0.0081 | 0.0032 | 0.0075 | 0.0042 | 0.0154 | 0.0217 | 0.0334 | 0.0054 |
| 玉田 | 0.0106 | 0.0050 | 0.0354 | 0.0044 | 0.8845 | 0.0254 | 0.0069 | 0.0098 | 0.0024 | 0.0011 | 0.0019 | 0.0007 |
| 遵化 | 0.0095 | 0.0061 | 0.0183 | 0.0048 | 0.0256 | 0.8898 | 0.0075 | 0.0266 | 0.0032 | 0.0023 | 0.0033 | 0.0018 |
| 迁安 | 0.0221 | 0.0505 | 0.0335 | 0.0068 | 0.0171 | 0.0152 | 0.8930 | 0.0274 | 0.0239 | 0.0065 | 0.0046 | 0.0052 |
| 迁西 | 0.0070 | 0.0118 | 0.0156 | 0.0032 | 0.0127 | 0.0509 | 0.0261 | 0.8732 | 0.0021 | 0.0029 | 0.0023 | 0.0026 |

续表

| 源区 | 目标区 | | | | | | | | | | | |
|---|---|---|---|---|---|---|---|---|---|---|---|---|
| | 市区 | 古冶 | 丰润 | 丰南 | 玉田 | 遵化 | 迁安 | 迁西 | 滦县 | 滦南 | 唐海 | 乐亭 |
| 滦县 | 0.0415 | 0.1748 | 0.0150 | 0.0244 | 0.0081 | 0.0044 | 0.0231 | 0.0064 | 0.8841 | 0.0414 | 0.0121 | 0.0121 |
| 滦南 | 0.0185 | 0.0313 | 0.0107 | 0.0569 | 0.0073 | 0.0055 | 0.0080 | 0.0046 | 0.0467 | 0.7219 | 0.0847 | 0.0213 |
| 唐海 | 0.0196 | 0.0140 | 0.0103 | 0.0614 | 0.0079 | 0.0040 | 0.0063 | 0.0032 | 0.0160 | 0.0429 | 0.8005 | 0.0186 |
| 乐亭 | 0.0106 | 0.0144 | 0.0074 | 0.0133 | 0.0050 | 0.0039 | 0.0076 | 0.0037 | 0.0236 | 0.0501 | 0.0309 | 0.7935 |

表 3-5 数据显示，基准年模拟时段内古冶区域内增加污染源后对唐山市市区的污染贡献均值仍最大，即最敏感区域，贡献均值为 $0.0878\mu g/(m^3 \cdot t)$；位于唐山市市区正西方位的丰润污染源增加后对唐山市 $PM_{10}$ 的贡献均值为 $0.0774\mu g/(m^3 \cdot t)$，为次敏感区域；同时位于偏西南方向的丰南成为对唐山市市区污染贡献值的第三敏感区域，贡献均值为 $0.0542\mu g/(m^3 \cdot t)$；第四敏感区域为滦县；第五敏感区域为迁安。

通过对基准年气象资料分析得知，基准年出现频率最高的为正东方向气流（图 3-5 的风向频率玫瑰图），其次为正西方向，再次为东北方向及东南方向。西北方向的频率最小，污染系数玫瑰图也显示了相同的规律。

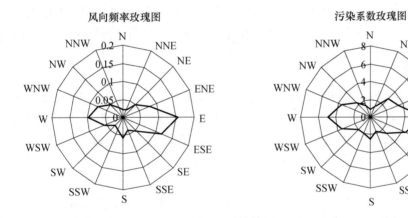

图 3-5　2006 年风向频率及污染系数玫瑰图

另外，表 3-5 中，各区县之间的年均相互贡献系数，在方位上来看，也有着一定的相似性。这里我们重点考虑唐山市市区的大气质量情况，所以在污染控制及治理方面，也对唐山市市区有所倾斜。

（6）1 月各区域污染源产生的 $SO_2$ 对唐山市大气污染的影响。表 3-6 给出了基准年 1 月模拟区域各区域 $SO_2$ 污染源增加后对各影响区域的贡献系数。

表 3-6　1 月各区域增加单位 $SO_2$ 污染源后的相互贡献均值 $[\mu g/(m^3 \cdot t)]$

| 源区 | 目标区 | | | | | | | | | | | |
|---|---|---|---|---|---|---|---|---|---|---|---|---|
| | 市区 | 古冶 | 丰润 | 丰南 | 玉田 | 遵化 | 迁安 | 迁西 | 滦县 | 滦南 | 唐海 | 乐亭 |
| 市区 | 1.0725 | 0.0671 | 0.0749 | 0.0887 | 0.0435 | 0.0091 | 0.0170 | 0.0132 | 0.0419 | 0.0292 | 0.0399 | 0.0217 |
| 古冶 | 0.1614 | 1.0499 | 0.0710 | 0.0422 | 0.0453 | 0.0105 | 0.0528 | 0.0152 | 0.1594 | 0.0390 | 0.0232 | 0.0295 |
| 丰润 | 0.1739 | 0.0561 | 1.0900 | 0.0414 | 0.1775 | 0.0164 | 0.0258 | 0.0231 | 0.0286 | 0.0183 | 0.0265 | 0.0155 |
| 丰南 | 0.0252 | 0.0047 | 0.0084 | 0.3207 | 0.0071 | 0.0010 | 0.0043 | 0.0030 | 0.0042 | 0.0134 | 0.0952 | 0.0094 |

| 源区 | 目标区 | | | | | | | | | | | |
|---|---|---|---|---|---|---|---|---|---|---|---|---|
| | 市区 | 古冶 | 丰润 | 丰南 | 玉田 | 遵化 | 迁安 | 迁西 | 滦县 | 滦南 | 唐海 | 乐亭 |
| 玉田 | 0.0513 | 0.0186 | 0.0955 | 0.0335 | 0.3468 | 0.0292 | 0.0125 | 0.0167 | 0.0109 | 0.0073 | 0.0161 | 0.0062 |
| 遵化 | 0.0294 | 0.0254 | 0.0549 | 0.0195 | 0.0514 | 1.0675 | 0.0276 | 0.0482 | 0.0173 | 0.0099 | 0.0149 | 0.0108 |
| 迁安 | 0.0464 | 0.1023 | 0.0673 | 0.0182 | 0.0466 | 0.0281 | 1.0717 | 0.0314 | 0.0788 | 0.0213 | 0.0164 | 0.0218 |
| 迁西 | 0.0200 | 0.0418 | 0.0357 | 0.0126 | 0.0268 | 0.0880 | 0.0933 | 1.0123 | 0.0312 | 0.0137 | 0.0124 | 0.0143 |
| 滦县 | 0.0829 | 0.3303 | 0.0223 | 0.0395 | 0.0148 | 0.0015 | 0.0296 | 0.0051 | 0.6167 | 0.0601 | 0.0199 | 0.0305 |
| 滦南 | 0.0076 | 0.0169 | 0.0042 | 0.1327 | 0.0025 | 0.0017 | 0.0052 | 0.0039 | 0.0171 | 0.3980 | 0.1606 | 0.0421 |
| 唐海 | 0.0148 | 0.0095 | 0.0068 | 0.0572 | 0.0058 | 0.0032 | 0.0079 | 0.0068 | 0.0130 | 0.0359 | 0.9792 | 0.0300 |
| 乐亭 | 0.0139 | 0.0120 | 0.0069 | 0.0220 | 0.0054 | 0.0019 | 0.0066 | 0.0060 | 0.0172 | 0.0479 | 0.0536 | 0.9477 |

表 3-6 中数据显示，基准年 1 月模拟时段内丰润区域内增加污染源后对唐山市市区的污染贡献均值最大，即最敏感区域，贡献均值为 $0.1739\mu g/(m^3 \cdot t)$。位于唐山市市区正东方位的古冶污染源增加后对唐山市 $SO_2$ 贡献均值为 $0.1614\mu g/(m^3 \cdot t)$，仅次于丰润，为次敏感区域；位于古冶正东方的滦县也成为对唐山市市区污染贡献值的第三敏感区域，1 月的贡献均值为 $0.0829\mu g/(m^3 \cdot t)$。基准年 1 月各区县 $SO_2$ 与 $PM_{10}$ 污染源增加后对唐山市区的影响情况较为一致，由于 $SO_2$ 与 $PM_{10}$ 的迁移转化速率不同，仅在距离较远的区县有所差别。

### 3.1.3　小结

本节基于 GIS 模型系统制定了唐山市敏感区域筛选方案，通过在唐山市 12 个区域分别增加 $PM_{10}$ 和 $SO_2$ 污染源后进行模拟，将模拟结果和基本情景模拟结果对比，分别找出各个代表月（1 月、4 月、7 月、10 月）唐山市各个地区的相互贡献率。该研究将模拟时间段内对唐山市贡献值较大的区域确定为敏感区域，则基准年 1 月位于唐山市东、西方向的区县排放的污染源对唐山市市区大气污染较为敏感，4 月仍然是东、西方位敏感，南方作用开始显著，7 月敏感方位为东、东南、南方位，10 月敏感方位为东北、西南方位。全年来看，以东、西及偏东方向最为敏感。同时考虑距离因素，得出对唐山市市区影响做大的区县为古冶，其次为丰润、丰南和滦县。

可见，为了彻底改善唐山市市区的大气质量，建议政府部门在对唐山市市区周边区县污染源采取控制措施时，应对西、东及偏东方向的敏感区域给予足够的重视，由于敏感区域和非敏感区域排放的等量污染物对唐山市市区污染物浓度的贡献值差异较大，前者贡献较大，后者贡献较小，这样相对于非敏感区域，在敏感区域削减等量的污染源排放量，对改善唐山市市区大气质量具有更大的实际意义。

笔者利用 CAEMS 模型优势，同时得出了各区县相互作用的单位污染源的贡献值，从而为整体上把握唐山市的环境容量分配给出了科学合理的依据。

## 3.2　CAMx 与 CMAQ 敏感区域筛选对比分析

下面设计 CAMx 模块应用于确定典型城市唐山的敏感源及敏感区域，模拟了 2006 年采暖期间唐山地区各行政区划区对唐山市大气质量的影响；采用 $SO_2$、$PM_{10}$ 贡献来源识别技术分析唐山市大气质量影响大的区域。

（1）CAMx 污染贡献敏感区域识别方案设计。采用集成气象模型的模拟结果，为 CAMx 模型提供高度、气压场、风场、温度场、水汽场、云量、降水以及垂直扩散系数等逐时气象参数。气象模型采用双层嵌套网格设置，网格模拟范围、水平及垂直分辨率均与 CMAQ 相同。敏感方案的设置及模型模拟时间均与 CMAQ 完全一致。模拟的污染物为 $SO_2$ 和 $PM_{10}$ 两种。

（2）模拟结果及对比分析。以唐山市市区为中心，各区域对唐山市市区的敏感源计算结果见表 3-7，同时表 3-8 给出了 CMAQ 的贡献率结果。

表 3-7　基于 CAMx 各区县对市区的污染贡献率（%）

| 区县名称 | 1 月 $PM_{10}$ | 1 月 $SO_2$ | 4 月 $PM_{10}$ | 7 月 $PM_{10}$ | 10 月 $PM_{10}$ | 年 $PM_{10}$ |
|---|---|---|---|---|---|---|
| 市区 | 70.89 | 72.99 | 70.44 | 74.46 | 74.32 | 72.42 |
| 古冶 | 7.88 | 6.97 | 8.85 | 7.38 | 8.04 | 8.04 |
| 丰润 | 3.32 | 3.67 | 6.09 | 6.28 | 6.78 | 5.40 |
| 丰南 | 9.35 | 9.80 | 3.00 | 1.72 | 4.13 | 5.26 |
| 玉田 | 0.72 | 0.32 | 0.16 | 0.05 | 0.22 | 0.35 |
| 遵化 | 1.47 | 1.41 | 0.43 | 0.19 | 0.26 | 0.69 |
| 迁安 | 2.18 | 1.03 | 1.86 | 1.16 | 1.84 | 1.85 |
| 迁西 | 0.10 | 0.01 | 0.04 | 0.01 | 0.03 | 0.05 |
| 滦县 | 2.92 | 2.79 | 4.24 | 3.33 | 2.58 | 3.15 |
| 滦南 | 0.59 | 0.44 | 1.52 | 1.25 | 0.60 | 0.89 |
| 唐海 | 0.22 | 0.20 | 0.88 | 1.34 | 0.47 | 0.61 |
| 乐亭 | 0.36 | 0.39 | 2.49 | 2.82 | 0.73 | 1.30 |

表 3-8　基于 CMAQ 各区县对市区的污染贡献率（%）

| 区县名称 | 1 月 $PM_{10}$ | 1 月 $SO_2$ | 4 月 $PM_{10}$ | 7 月 $PM_{10}$ | 10 月 $PM_{10}$ | 年 $PM_{10}$ |
|---|---|---|---|---|---|---|
| 市区 | 67.92 | 63.11 | 69.95 | 70.64 | 77.85 | 71.40 |
| 古冶 | 8.63 | 9.50 | 6.19 | 6.95 | 5.48 | 7.00 |
| 丰润 | 9.53 | 10.23 | 6.36 | 4.54 | 3.17 | 6.17 |
| 丰南 | 2.09 | 1.48 | 4.07 | 5.40 | 6.39 | 4.32 |
| 玉田 | 1.50 | 3.02 | 0.32 | 0.75 | 0.47 | 0.85 |
| 遵化 | 1.50 | 1.73 | 0.76 | 0.38 | 0.13 | 0.76 |
| 迁安 | 1.95 | 2.73 | 1.22 | 0.99 | 2.68 | 1.76 |
| 迁西 | 0.80 | 1.18 | 0.60 | 0.36 | 0.39 | 0.56 |
| 滦县 | 4.50 | 4.88 | 3.56 | 3.37 | 1.47 | 3.31 |
| 滦南 | 0.43 | 0.45 | 3.04 | 2.28 | 0.92 | 1.47 |
| 唐海 | 0.64 | 0.87 | 2.25 | 3.35 | 0.53 | 1.56 |
| 乐亭 | 0.53 | 0.82 | 1.67 | 0.99 | 0.52 | 0.85 |

通过模拟发现，对 $PM_{10}$ 来说，两模型对各区域对市区的贡献率模拟结果基本相同，尤其是贡献率大于 3% 的区域，贡献率排序一致，均为市区本身、古冶、丰润、丰南、滦县，

这说明该模型在模拟结果上的准确性。除唐山市区外，周边地区对唐山市区的污染大约占30％。两种模型的主要区别在于，贡献率较小的几个区域模拟结果有差异。另外，CAMx模拟的市区自身的贡献率较大，高于CMAQ，这可能和模型自身的化学机制及不同参数选择有关。$SO_2$的模拟结果也显示出相同的结果。但是，$SO_2$明显表现出如下特点：距离受体点的位置越近，对受体点的贡献率越大。

比较发现，CAMx与CMAQ两种方法各有优缺点，CAMx的模拟时间占有绝对的优势。根据模型计算发现，PSAT技术大大减少了模拟分析时间，多个方案可一起计算。由于CAMx按产生来源把颗粒物分为6类（分别为硫酸盐颗粒物、硝酸盐颗粒物、铵盐颗粒物、汞颗粒物、二次有机颗粒物、一次颗粒物），该技术可以同时计算多种污染物，并进行来源辨识分析。但是，CAMx计算受到内存限制，其计算方案设计必须在内存允许的范围内进行。就单方案来说，CMAQ的计算速度与CAMx差不多。目前，CMAQ也在开发基于伴随矩阵的示踪模块，目前开发出有机碳的计算模块。CAMx和CMAQ模拟结果一致性较好，应用时可根据需要进行模块选择。

## 3.3 城市尺度污染贡献敏感性空间分析方法

### 3.3.1 污染贡献敏感性空间分布基本设计

（1）方案设计。污染控制区域：一是将整个唐山市作为污染控制区域（图3-6中粗实线包含部分），定名控制区域1，从全局的角度观察污染贡献率敏感性分布情况；二是以唐山市市区为例（图3-6中带阴影的粗虚线部分），定名控制区域2，从局部控制的角度观察污染贡献敏感性情况。控制区域均为CAMx模型的地表第1层网格。

基线情景：采用项目获得的污染源清单，计算图3-6中各网格对控制区域的污染贡献值。

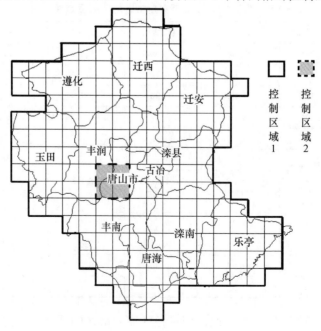

图 3-6 控制区域示意图

敏感性分析情景：以唐山市边界为研究区域边界，利用 CAMx 的污染源识别模块，对研究区域内地表层的每个 9km 网格做敏感性分析。污染源的变化量为每个网格增加 1000t/年的 $SO_2$ 排放量。

（2）源排放的合理性分析。在 2006 年，唐山市有 481 个工业企业。这些行业包括电力、冶金、矿山、化工、结构材料、纺织等行业。这些行业 $SO_2$ 排放量的空间分布图如图 3-7 所示，图 3-8 为 1 月 $SO_2$ 模拟浓度分布图。

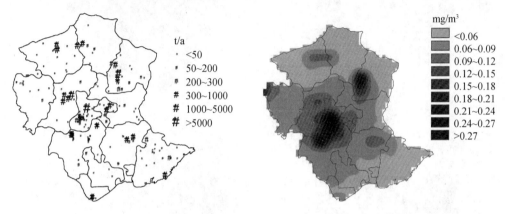

图 3-7  $SO_2$ 排放量的空间分布图          图 3-8  1 月 $SO_2$ 模拟浓度分布图

上述研究成果表明，一些企业（如丰南镇的大排放量工业）处于不恰当的位置，可能对唐山市大气质量造成严重影响。另外，由于大部分地区燃煤取暖及处于不利于污染物扩散条件下，$SO_2$ 存在污染。基本上，在目前的实际排放水平下，唐山市的大气质量是一个比较坏的情况，有关部门必须采取行动来改善现状。图 3-7、图 3-8 表示 $SO_2$ 严重污染的地区与 $SO_2$ 的排放量成正相关，因此，通过改变排放区域，在低敏感区设置 $SO_2$ 排放点对城市的污染控制具有重要意义。该方法有利于环境规划和管理方案的制定，例如电厂搬迁规划和项目的新工厂的位置等，必须优先选择在贡献较轻的区域。该方法是一种选择敏感区域的理想方法，但在实际应用中，必须与其他因素如经济因素和政策需求等相结合，以支持实际的环境规划和管理策略。

### 3.3.2  全局及局部控制区域贡献敏感性分析

（1）全局控制区域贡献敏感性分析

1）污染贡献敏感性的量值及空间分布的季节变化。将计算得出的小时值进行统计，得出 2006 年 1、4、7、10 月各网格对唐山市整个区域（控制区域 1）的污染月贡献均值，通过 GIS 插值实现的贡献均值空间分布图如图 3-9 所示。

从图中可以看出，1 月，玉田和遵化县的交界处对控制区域 1 的贡献均值最大，大于 $52.0\mu g/m^3$，沿海地区的贡献均值最小，小于 $35.0\mu g/m^3$。贡献均值呈现由西北向东南缓慢降低的趋势。4 月贡献均值分布情况较混乱，迁安县东南部和滦南县南部沿海地区对控制区域 1 的污染贡献最大，大于 $13.9\mu g/m^3$，乐亭县东部及迁西县北部贡献均值最小。7 月，对整个区域贡献均值最大的区域集中在沿海地区，该地区的网格贡献均值大于 $14.5\mu g/m^3$，其余地区的贡献均值分布出现了几个局部高值点，迁西县的月贡献均值最小。10 月，各网格点对控制区域 1 的贡献分布较均匀，表现出由高值点玉田县（贡献均值大于 $26.0\mu g/m^3$）逐步向东及东南降低的趋势。

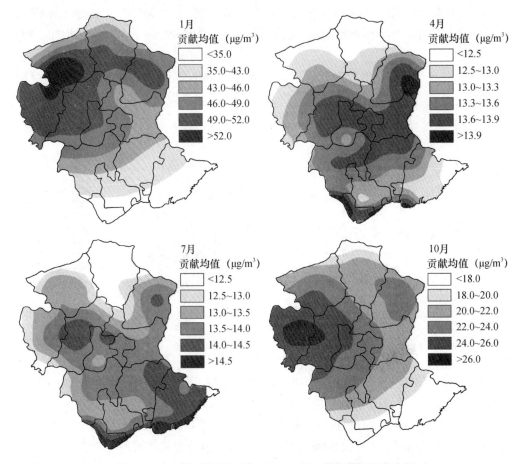

图 3-9　各网格对控制区域 1 的 $SO_2$ 月贡献均值空间分布图

统计分析发现，当唐山市各网格排放增量一致时，对控制区域 1 的贡献值变化情况，具有明显的季节变化特征。由于唐山位于环渤海地区，属于亚热带季风气候，气候现象具有明显的四季变化特征。冬季盛行西北风，1 月逆温天气较多，大气层结稳定，污染物在地面积累易造成静稳型污染，故污染物排放量相同时对大气质量浓度贡献大。4 月常有大风天气，污染物扩散能力较强，仅次于夏季。夏季受海洋性季风的影响，盛行东南风，且唐山市降水主要集中在 7 月至 8 月，对污染物浓度有稀释作用，故最适合污染物的扩散，各网格点对控制区域 1 的贡献均值最小。这也间接地证明了模型模拟的准确性。从各网格点对控制区域 1 的贡献均值空间分布情况来看，也有明显的四季变化特征：1 月变化较均匀，7 月变化稍显混乱，但贡献均值降低趋势均与当季盛行的风向相符合。4 月无明显风向，贡献均值空间分布变化最为混乱，10 月变化均匀。

2）主成分分析（PCA）

根据 PCA 统计分析发现，当唐山市各网格排放增量一致时，对控制区域 1 的贡献值变化情况，具有明显的季节变化特征。表 3-9 给出了 PCA 分析结果，表中的前三个主成分就可以代表 80% 的气象特征。通过 PCA 结果，可以知道，唐山地区的污染贡献（WD），受边界层高度（PBLH）、2m 处温度（$T_{2m}$）、10m 处风速（$WS_{10}$）影响较大，受海平面气压（PSLV）及相对湿度（RH）影响较小。各季节各气象因素也有明显的四季变化特征。

表 3-9　2006 年 4 季代表月的气象变量的 PCA 分析结果

| PC | 特征值 | 方差贡献率 | 方差累计贡献率 | 变量 | 主成分负荷系数 | | | |
|----|--------|-----------|---------------|------|------|------|------|------|
| | | | | | PC1 | PC2 | PC3 | PC4 |
| 1 月 | | | | | | | | |
| PC1 | 1.492 | 0.371 | 0.371 | PBLH | −0.503 | 0.421 | −0.209 | 0.000 |
| PC2 | 1.279 | 0.273 | 0.644 | $T_{2m}$ | 0.326 | 0.598 | 0.000 | −0.26 |
| PC3 | 1.022 | 0.174 | 0.818 | WS10 | −0.411 | 0.529 | −0.132 | 0.28 |
| PC4 | 0.772 | 0.099 | 0.918 | PSLV | −0.391 | −0.405 | −0.488 | 0.21 |
| PC5 | 0.554 | 0.051 | 0.969 | RH | 0.479 | 0.147 | −0.244 | 0.799 |
| PC6 | 0.433 | 0.031 | 1.000 | WD | −0.297 | 0.000 | 0.801 | 0.412 |
| 4 月 | | | | | | | | |
| PC1 | 1.516 | 0.383 | 0.383 | PBLH | 0.574 | 0.207 | −0.143 | 0.000 |
| PC2 | 1.280 | 0.273 | 0.656 | $T_{2m}$ | −0.106 | 0.715 | −0.215 | 0.000 |
| PC3 | 0.982 | 0.161 | 0.817 | WS10 | 0.318 | 0.171 | 0.723 | −0.56 |
| PC4 | 0.813 | 0.110 | 0.927 | PSLV | 0.294 | −0.603 | −0.305 | −0.23 |
| PC5 | 0.523 | 0.046 | 0.973 | RH | −0.515 | −0.22 | 0.453 | 0.227 |
| PC6 | 0.405 | 0.027 | 1.000 | WD | 0.455 | 0.000 | 0.336 | 0.758 |
| 7 月 | | | | | | | | |
| PC1 | 1.435 | 0.343 | 0.343 | PBLH | 0.603 | −0.242 | 0.000 | −0.141 |
| PC2 | 1.182 | 0.233 | 0.576 | $T_{2m}$ | 0.484 | 0.337 | −0.207 | −0.465 |
| PC3 | 1.056 | 0.186 | 0.762 | WS10 | −0.137 | −0.171 | −0.832 | −0.33 |
| PC4 | 0.785 | 0.103 | 0.865 | PSLV | −0.279 | −0.497 | 0.404 | −0.71 |
| PC5 | 0.729 | 0.089 | 0.953 | RH | 0.549 | 0.255 | −0.188 | 0.000 |
| PC6 | 0.529 | 0.047 | 1.000 | WD | 0.000 | −0.698 | −0.257 | 0.381 |
| 10 月 | | | | | | | | |
| PC1 | 1.535 | 0.392 | 0.392 | PBLH | −0.134 | 0.684 | −0.127 | 0.000 |
| PC2 | 1.324 | 0.292 | 0.685 | $T_{2m}$ | 0.52 | 0.301 | 0.397 | 0.000 |
| PC3 | 0.951 | 0.151 | 0.835 | WS10 | −0.226 | 0.649 | −0.132 | 0.000 |
| PC4 | 0.785 | 0.103 | 0.938 | PSLV | −0.576 | −0.138 | −0.352 | −0.13 |
| PC5 | 0.498 | 0.041 | 0.979 | RH | 0.376 | 0.000 | −0.696 | 0.607 |
| PC6 | 0.351 | 0.021 | 1.000 | WD | −0.433 | 0.000 | 0.448 | 0.781 |

　　3) 典型相关性分析 (CCA)。CCA 结果用来分析对唐山整体的区域贡献值与唐山气象、地形数据的相关性。在这项研究中，由于只选择了一类污染物的数据，所以只有一个 CV。表 3-10 给出了基于网格的污染贡献、地形、气象因素的典型相关性分析及 Pearson 相关分析结果。CV1 的值对应 4 个代表月分别为 0.781、0.748、0.725 和 0.807，均通过了 CCA 的统计相关性检验。

　　根据表 3-10，1 月结果表明，边界层高度和风速与区域贡献具有一定的负相关关系，Pearson 相关也给出了相同的结果。图 3-10 显示了 1 月 $WS_{10}$ 和 PBLH 等值线分布图，该等值线图与图 3-9 中的 1 月图具有一定的相关性，即高浓度贡献区域对应着低的边界层高度和低风速。

表 3-10 基于网格的污染贡献、地形、气象因素的典型相关性分析及 Pearson 相关分析结果

| 1月 | | | 4月 | | |
|---|---|---|---|---|---|
| CV | 典型性相关系数 | Pearson | CV | 典型性相关系数 | Pearson |
| CV1 | 0.781 | 相关系数 | CV1 | 0.748 | 相关系数 |
| 变量 | 数值 | | 变量 | 数值 | |
| 贡献率 | 0.987 | 1.000 | 贡献率 | 0.987 | 1.000 |
| PBLH | −0.439 | −0.677 | PBLH | −0.639 | −0.483 |
| $T_{2m}$ | −0.062 | −0.163 | $T_{2m}$ | −0.387 | −0.188 |
| $WS_{10}$ | −0.626 | −0.746 | $WS_{10}$ | −0.672 | −0.588 |
| TERRAIN | 0.009 | 0.041 | TERRAIN | −0.039 | 0.242 |
| PSLV | 0.061 | −0.002 | PSLV | −0.038 | 0.205 |
| RH | −0.160 | 0.094 | RH | −0.479 | 0.221 |
| WD | −0.069 | −0.150 | WD | −0.011 | −0.243 |
| 7月 | | | 10月 | | |
| CV | 典型性相关系数 | Pearson | CV | 典型性相关系数 | Pearson |
| CV1 | 0.725 | 相关系数 | CV1 | 0.807 | 相关系数 |
| 变量 | 数值 | | 变量 | 数值 | |
| 贡献 | 0.987 | 1.000 | 贡献 | 0.987 | 1.000 |
| PBLH | −0.989 | −0.416 | PBLH | −0.434 | −0.724 |
| $T_{2m}$ | −0.061 | −0.167 | $T_{2m}$ | −0.088 | −0.113 |
| $WS_{10}$ | −0.502 | −0.347 | $WS_{10}$ | −0.591 | −0.729 |
| TERRAIN | −0.005 | 0.346 | TERRAIN | −0.003 | 0.045 |
| PSLV | −0.050 | 0.029 | PSLV | 0.010 | −0.001 |
| RH | −0.715 | −0.066 | RH | −0.120 | 0.029 |
| WD | 0.091 | −0.086 | WD | 0.010 | −0.035 |

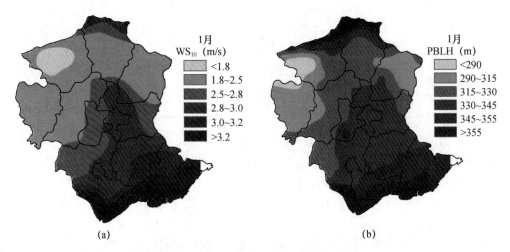

(a)　　　　　　　　　　　　(b)

图 3-10　2006 年 1 月 $WS_{10}$ 和 PBLH 等值线分布图

（a）地面 10m 处月均风速场；（b）月均混合层高度场

4 月和 10 月的 CV1 给出了与 1 月相同的结果。但是，7 月的 CCA 和 Pearson 相关数据给出了不同的结果。7 月 CV1 表明，相对湿度表现为第二高相关性，为 -0.715，与污染贡献存在着明显的负相关关系，但 Pearson 相关显示没有任何因素与区域污染贡献有相关性，相对湿度的绝对值也很低，只有 0.066。由于湿沉降对污染物有消除作用，所以 CCA 的结果在找到两个以上的变量关系方面表现得更为合理。

CCA 和 Pearson 相关分析表明，地形数据与区域污染贡献并没有明显的相关性。虽然唐山坐落于燕山山脉，东北高，西部和南部低，东部地区及南部是低冲积平原，但大部分地形是平坦的。地形数据对区域污染贡献影响较小。

4）年均贡献率的分布特征。前面证明了贡献值存在明显的季节性差异，所以在确定年均各网格的贡献敏感性时，为消除贡献值大小所带来的不确定性误差，采用贡献率的空间分布值进行分析。

首先，从全局角度对城市尺度的污染贡献敏感性进行分析。图 3-11 给出了各网格点对控制区域 1 的年均贡献率分布。从图中可以看出，年均贡献率最大的地方出现在丰润与玉田的交界处，然后向东南及北部地区减弱，在迁安县中部地区出现了局部高值点，而整个沿海地区和迁西县北部地区的贡献率最低。

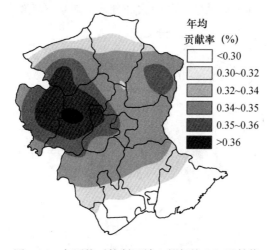

年均
贡献率（%）

□ <0.30
□ 0.30~0.32
▨ 0.32~0.34
▨ 0.34~0.35
▨ 0.35~0.36
■ >0.36

图 3-11　各网格对控制区域 1 的年均 $SO_2$ 贡献值

这与唐山当地的地形因素和气象因素有着直接的关系。唐山地处燕山山脉南麓的冲积平原上，地势由西北部向东南部降低。为此，选取遵化、唐山市市区、乐亭三个有代表性的国控气象站点，参考其他文献（通过主成分分析或神经网络、模糊等方法）确定的对污染贡献影响较大的气象因素进行统计分析。表 3-11 给出了 2006 年的 1、4、7、10 四个月的平均风速和静风频率统计值。以往研究表明，风速越大，静风频率越小，越易于污染扩散。从表中可以看出，一年四季的平均风速均为乐亭＞唐山市市区＞遵化，说明污染物的扩散能力由海边向内陆依次减弱，这一点在对城市全局污染贡献敏感性的分析中同样适用。静风频率却没有给出一致的结果，除位于靠近内陆的遵化地区静风频率较高，表现出不利于污染扩散的情况外，唐山市市区在 4 月和 7 月的统计数据明显低于乐亭，这正好对图 3-9 中 4 月、7 月在唐山市市区出现的局部低值点给出很好的解释。另外，图 3-11 不仅能直观地显示各网格对控制区域 1 的年均贡献分布情况，还显示出唐山市大部分地区全年的主导风向，是以东西风为主，贡献率影响敏感性明显为东西方向大于南北方向。

表 3-11　2006 年唐山市国控气象站点的平均风速和静风频率统计值

| 区县 | 参数 | 月份 | | | | 全年 |
|------|------|------|------|------|------|------|
| | | 1 月 | 4 月 | 7 月 | 10 月 | |
| 遵化 | 平均风速（m/s） | 1.49 | 2.61 | 1.66 | 1.43 | 1.80 |
| | 静风频率（%） | 5.71 | 3.00 | 4.12 | 11.07 | 6.01 |
| 唐山市市区 | 平均风速（m/s） | 1.91 | 2.63 | 1.91 | 1.77 | 2.06 |
| | 静风频率（%） | 1.22 | 0.43 | 0.82 | 7.79 | 2.59 |
| 乐亭 | 平均风速（m/s） | 2.09 | 3.03 | 2.08 | 1.86 | 2.27 |
| | 静风频率（%） | 3.67 | 2.14 | 1.23 | 4.51 | 2.90 |

（2）局部控制区域贡献敏感性分析。对城市环境管理与规划来说，往往需要在整个区域内选择相应的控制区域，以达到局部最优控制的效果。由于 CAMx 的污染敏感贡献分析方法可以实现将任意控制点作为局部控制区域，为此，结合唐山市城市现状，研究选取控制区域 2 即唐山市市区作为局部控制区域。图 3-12 给出了各网格点对控制区域 2 的年均贡献率。从图中可以看出，贡献率大的网格主要集中在控制区域 2 及其进周边地区，且东西网格的贡献率略高于同距离的南北网格贡献率，其余大部分地区对该区域的污染贡献率小于 0.2%。

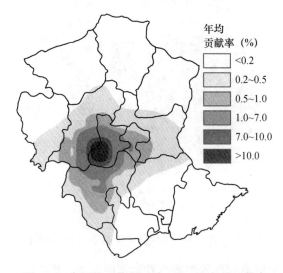

图 3-12　各网格对控制区域 2 的 $SO_2$ 年均贡献率

（3）污染系数玫瑰图法在城市尺度污染贡献敏感分析中的局限性。在分析污染贡献敏感性时，较常用的方法是污染系数玫瑰图。将 2006 年 1、4、7、10 月的遵化县、唐山市市区、乐亭县、滦南县站点的 3h 气象监测数据做年均污染系数玫瑰图，如图 3-13 所示。对比图 3-11 和图 3-12 可以发现，各网格点对受体区域 2 的污染贡献率情况与污染系数玫瑰图符合较好，这说明，当控制区域为局部控制点时，污染系数玫瑰图方法是适应贡献敏感性分析的，这也进一步证明了模型模拟的准确性。

对于全局污染贡献敏感性，污染系数玫瑰图法暴露出了明显的局限性，不能给城市尺度的区域以明确的规律性表示。这是因为基于 CAMx 的污染贡献敏感性计算方法，已经包括空间距离因素、污染物迁移扩散规律、气象条件、地形因子和污染源状况，该方法所得出城市尺度的源域与受体之间的浓度贡献分布，是结合了多种作用因素而成的，不能单独用针对

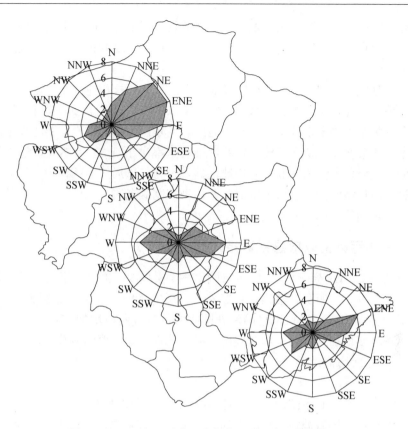

图 3-13　2006 年 1 月唐山市气象站的污染系数玫瑰图

某一受体点的分析方法分析。污染系数玫瑰图法在城市尺度污染贡献敏感性分析中的局限性应引起足够的重视。如何将全局及局部贡献进行优化结合，也是今后研究的重点问题。

### 3.3.3　工业源选址合理性判别

（1）基于 CAEMS 的工业源选址合理性依据。在城市工业化建设中，环境管理规划是协调环境和社会发展关系问题的有效解决方法之一，该方法通过合理的规划城市工业区、居民区等分区来达到降低工业环境污染的目的。通常情况下，合理的做法是将工业污染源安排到对城市污染较少的区域，即对工业源选址的合理性进行分析。过去的规划及环境影响评价工作中，工业源选址的合理性分析，多以工业源位于当地多年统计风向的下风向为主，并在大气环境影响预测中以评价范围内的敏感点不超标为目标。然而大气环境是一个复杂系统，确定工业源的选址问题时，只考虑部分区域，而忽略了周边地区的气象作用将严重制约分析结果的合理性。另外，以往研究的重点在于分析现有排放源的大气污染浓度贡献。事实上，判断该区域的潜在贡献对政府制定长远的环境管理决策具有重要意义。通过 CAEMS 模型建立的网格分辨率的工业源贡献敏感性分析，有效地确定相同排放量下对城市大气质量影响较大的区域，可更好地为规划中及环境影响评价的工业源合理性分析中。

（2）工业源选址合理性分析。在计算年均贡献情况时，由于污染物的迁移转化受外界因素影响，在同样的污染源情况下，四季贡献值差异较大。为了消除贡献值差异带来的不确定性影响，这里采用年均贡献率来进行工厂选址的合理性分析，同时应用地理信息系统可视化技术给出直观的结果。从整个唐山为受体的全局来看，年均贡献率最大的地方出现在丰润与玉田的交界处，在迁安县中部地区出现了局部高值点；污染贡献向东南及北部地区减弱，整个沿海地区和迁西县北部地区的贡献率最低。从大气环境角度分析，工业源选址应重点考虑这些低贡献率地区。

对城市环境管理与规划来说，往往需要在整个区域内选择相应的受体区域，以达到局部最优控制的效果。为此，结合唐山市城市现状，从以唐山市区为中心的局部受体来看，贡献率大的网格主要集中在唐山市区及其近周边地区，且东西网格的贡献率要略高于同距离的南北网格贡献率，其余大部分地区对该区域的污染贡献率小于 0.2%。然而，笔者不建议以控制局部区域的大气质量来作为工业源的选址依据，因为仅以局部地区作为大气质量受体区域来进行工业源污染控制的话，会重走以前工业污染控制的老路。如何综合考虑整个地区的大气质量才是环境规划管理和控制的关键。

### 3.3.4　三维污染贡献敏感系数矩阵的建立

为了充分利用 CAMx 模型优势，笔者对第 2～4 层高度的网格污染贡献敏感性进行了模拟分析，建立了三维污染源贡献敏感系数矩阵，三层网格的高度均值分别为 70m、130m 和 200m，属于高架点源范畴，各层网格的污染排放增量为各网格增加 1000tSO$_2$。垂直模拟结果表明，当源域高度增加时，污染物对底层区域受体点的贡献值明显减小，所有网格对控制区域 1 的 SO$_2$ 月贡献均值由第 1～4 层分别为 24.23$\mu g/m^3$、16.52$\mu g/m^3$、13.39$\mu g/m^3$ 和 7.61$\mu g/m^3$。

值得注意的是，图 3-14 给出了 1 月不同高度的污染源对底层所有网格点的污染贡献率分布。由图可以看出，随着源域高度的增加，各网格对控制区域 1 的污染贡献率有所增加。这可能是由于高架源可更长距离扩散所致，说明不同高度的网格对地面控制区域的贡献有差别，高架源位置的选取可以参考三维污染贡献敏感性分析结果。另外，该方法定量地给出了三维污染系数矩阵，将该矩阵与优化规划相结合，可以实现分层环境容量的计算，从而充分利用高架源的自净能力，得出城市尺度范围的最大理想环境容量。

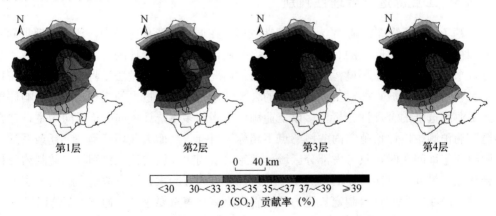

第1层　　　　第2层　　　　第3层　　　　第4层

0　40 km

<30　30~<33　33~<35　35~<37　37~<39　≥39
$\rho$ (SO$_2$) 贡献率 (%)

图 3-14　不同高度源域对控制区域 1 的月均污染贡献率

### 3.3.5　小结

（1）利用大气质量模型 CAMx 的源识别模块，建立了城市尺度三维污染贡献敏感性分析方法。通过对唐山市 2006 年 1 月的污染源贡献敏感性的数值模拟分析，得出小时分辨率的地表层 70m、130m 和 200m 高度层的各 9km 网格对全局及局部控制区域的污染贡献系数矩阵。模拟结果表明，对整个唐山地区来说，污染贡献最敏感的区域集中在遵化和玉田交界区域，贡献最小的区域则集中在迁安西北部及唐山南部沿海地区；对唐山市市区来说，污染贡献较敏感地区则集中在市区的周围。所有模拟结果均用 GIS 进行了直观的可视化技术显示。

（2）利用基于 CAMx 的城市尺度污染贡献敏感性方法，在时间分辨率上分析了城市尺度各网格的污染贡献敏感性的季节性变化特征，在空间分辨率上建立了三维污染贡献系数矩阵，指出了不同高度网格的垂直污染贡献的差异性，并指出采用传统污染系数方法的局限性。

（3）基于 CAMx 的城市尺度污染贡献敏感性方法可为新建工业区的选址、现有工业企业的搬迁、城市环境管理规划的决策者提供定性与定量的支持。不同高度源域的污染贡献结果可为某一区域污染源的高度设计提供参考。该方法如何与城市环境规划管理、大气污染总量控制优化方程相结合，是以后研究的重点问题。

## 3.4　唐山市敏感源清单排序

### 3.4.1　工业源的统计分类

（1）$PM_{10}$ 排放源的分行业统计情况。通过对收集的全市 481 个企业按照行政区划进行分行业的统计分类，利用污染贡献关系矩阵来判别对唐山市贡献较大的源，即为敏感源排序。

在污染源处理时，将工业源分为建材、冶金、电厂、化工、锅炉、焦化及其他行业。各行业 $PM_{10}$ 排放量如图 3-15 所示。从整个唐山市的工业排放来看，冶金行业排放量最大，为 11.5 万 t/年，占唐山工业源总排放量的 71%，其次是电厂和建材行业，排放量分别为 1.7 万 t/年和 1.5 万 t/年，分别占唐山工业源总排放量的 10.3% 和 9.5%。化工（除焦化）行业的排放量约为 1 万 t/年，其他均在 0.21 万 t/年以下。

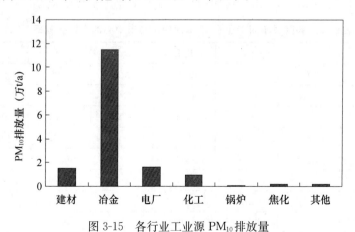

图 3-15　各行业工业源 $PM_{10}$ 排放量

由于已得出了各区县单位污染源的贡献值，可以在各区县查找排放量较大的源作为敏感源。各区县的各行业污染源排放不同，所以相应的敏感源所属行业也不相同。

（2）SO₂排放源的分行业统计情况。通过对收集的全市 481 个企业按照行政区划进行分行业的统计分类，各区县 SO₂排放量如图 3-16 所示。从图中可以清晰地看到各区县各行业 SO₂ 的排放量情况及比例，从整个唐山地区来看，冶金行业排放量最大，占唐山工业源总排放量的 50.6％，其次是电厂行业，排放量占唐山工业源总排放量的 36.6％，冶金和电厂行业排放的 SO₂ 占到了总排放量的 87.2％。

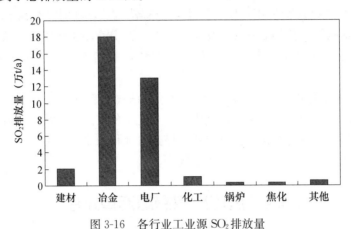

图 3-16　各行业工业源 $SO_2$ 排放量

## 3.4.2　工业源敏感性分析

（1）各区县对唐山市市区大气污染的贡献率。根据唐山市各区县之间的相互贡献值系数矩阵得出各区县各行业对唐山市市区的污染物贡献率，即

　　　　　污染贡献率＝污染物排放量×单位浓度贡献系数/唐山市市区浓度

各区县对唐山市市区的污染贡献率百分比见表 3-12 和表 3-13。从表中可以看出，唐山市各地区对唐山市市区的污染贡献情况。对 $PM_{10}$ 污染物，路北由于有唐山钢铁股份有限公司及河北唐银钢铁有限公司及热电厂等大型排污企业的存在，在对唐山市市区 $PM_{10}$ 污染贡献中排在首位；其次是开平；迁安对唐山市市区的污染贡献为 7.48％，排第三；然后是古冶等，贡献率均在 3％以下。玉田县对唐山市市区的工业污染贡献最小。

表 3-12　各区县不同工业源 $PM_{10}$ 对唐山市市中心的污染贡献率（%）

| 区县 | 建材 | 冶金 | 电厂 | 化工 | 锅炉 | 焦化 | 其他 | 总计 |
|---|---|---|---|---|---|---|---|---|
| 路南 | 1.65 | 0.00 | 0.00 | 0.00 | 0.15 | 0.00 | 0.24 | 2.05 |
| 路北 | 0.36 | 50.34 | 6.05 | 0.00 | 0.00 | 0.00 | 0.40 | 57.16 |
| 开平 | 2.09 | 0.56 | 9.12 | 1.59 | 0.98 | 0.75 | 0.01 | 15.10 |
| 古冶 | 0.15 | 1.60 | 1.20 | 0.00 | 0.00 | 0.00 | 0.00 | 2.94 |
| 丰润 | 0.44 | 1.20 | 0.76 | 0.00 | 0.04 | 0.00 | 0.00 | 2.45 |
| 丰南 | 0.06 | 4.73 | 1.70 | 0.00 | 0.00 | 0.06 | 0.07 | 6.62 |
| 玉田 | 0.01 | 0.00 | 0.02 | 0.05 | 0.00 | 0.00 | 0.00 | 0.07 |
| 遵化 | 0.01 | 0.28 | 0.02 | 0.00 | 0.01 | 0.01 | 0.00 | 0.32 |
| 迁安 | 0.49 | 6.82 | 0.00 | 0.00 | 0.04 | 0.13 | 0.00 | 7.48 |
| 迁西 | 0.00 | 0.16 | 0.00 | 0.00 | 0.00 | 0.00 | 0.00 | 0.16 |
| 滦县 | 0.12 | 0.05 | 0.00 | 0.00 | 0.00 | 0.00 | 0.07 | 0.24 |

续表

| 区县 | 建材 | 冶金 | 电厂 | 化工 | 锅炉 | 焦化 | 其他 | 总计 |
|---|---|---|---|---|---|---|---|---|
| 滦南 | 0.00 | 2.70 | 0.08 | 0.00 | 0.00 | 0.00 | 0.04 | 2.83 |
| 唐海 | 0.88 | 0.02 | 0.09 | 1.03 | 0.00 | 0.00 | 0.13 | 2.15 |
| 乐亭 | 0.09 | 0.13 | 0.18 | 0.00 | 0.01 | 0.02 | 0.00 | 0.44 |
| 总计 | 6.36 | 68.59 | 19.21 | 2.66 | 1.23 | 0.98 | 0.96 | 100.00 |

表 3-13　各区县不同工业源 $SO_2$ 对唐山市市中心的污染贡献率（%）

| 区县 | 建材 | 冶金 | 电厂 | 化工 | 锅炉 | 焦化 | 其他 | 总计 |
|---|---|---|---|---|---|---|---|---|
| 路南 | 0.05 | 0.00 | 0.00 | 0.00 | 0.31 | 0.00 | 0.15 | 0.51 |
| 路北 | 0.00 | 20.16 | 8.65 | 0.00 | 0.00 | 0.00 | 0.24 | 29.05 |
| 开平 | 0.10 | 0.32 | 55.88 | 0.98 | 0.74 | 0.05 | 0.01 | 58.06 |
| 古冶 | 0.02 | 1.04 | 1.19 | 0.00 | 0.00 | 0.04 | 0.00 | 2.29 |
| 丰润 | 0.28 | 2.14 | 2.24 | 0.00 | 0.06 | 0.00 | 0.00 | 4.71 |
| 丰南 | 0.01 | 0.72 | 0.20 | 0.00 | 0.00 | 0.00 | 0.02 | 0.96 |
| 玉田 | 0.02 | 0.00 | 0.05 | 0.02 | 0.00 | 0.00 | 0.00 | 0.09 |
| 遵化 | 0.00 | 0.36 | 0.13 | 0.00 | 0.01 | 0.00 | 0.00 | 0.51 |
| 迁安 | 0.53 | 2.36 | 0.00 | 0.00 | 0.03 | 0.01 | 0.00 | 2.93 |
| 迁西 | 0.00 | 0.23 | 0.00 | 0.00 | 0.01 | 0.02 | 0.00 | 0.26 |
| 滦县 | 0.03 | 0.06 | 0.00 | 0.00 | 0.00 | 0.00 | 0.05 | 0.14 |
| 滦南 | 0.00 | 0.06 | 0.08 | 0.00 | 0.00 | 0.00 | 0.01 | 0.15 |
| 唐海 | 0.00 | 0.01 | 0.03 | 0.11 | 0.00 | 0.00 | 0.03 | 0.19 |
| 乐亭 | 0.04 | 0.03 | 0.07 | 0.00 | 0.01 | 0.01 | 0.01 | 0.16 |
| 总计 | 1.08 | 27.49 | 68.50 | 1.12 | 1.15 | 0.15 | 0.51 | 100.00 |

与 $PM_{10}$ 不同，由于开平陡河发电厂的存在，所以开平成为对市区 $SO_2$ 贡献的第一大户；路北由于重工业较多，排在第二位；其次是丰润地区；其他地区对唐山市市区的污染贡献率均在 3% 以下。

根据模型排序结果对影响唐山市市区大气环境质量的主要工业敏感源及具体的各企业的敏感排序。

（2）工业源中各行业的污染贡献。由前文分析可知，唐山市的冶金行业对市区 $PM_{10}$ 污染贡献作用最大，冶金和电厂行业对 $SO_2$ 的贡献最大，如开平的陡河发电厂，唐山市市区的 $SO_2$ 污染的 50% 以上都来自于该发电站的贡献。所以，唐山市市区的大气环境质量问题的解决关键，在于处理好电厂及冶金行业的排污问题。

# 第 4 章　CAEMS 在大气环境容量计算中的应用

本章利用调试好的 CAEMS 模型系统,确定污染物排放量与达标率的关系曲线,从而得到不同达标率下的大气环境容量。基于 CAMx 的 PSAT 技术,建立了一套基于城市尺度的大气环境容量计算方法。该方法的 PSAT 伴随矩阵技术可以同时计算多个源-受体的相关关系,大大降低了计算时间的花费,为环境容量的 GIS 可视化奠定了数据基础。基于网格化敏感系数矩阵的环境容量计算方法更加接近于真实的环境容量,可以结合研究地区的污染物排放量,分析现状排放与大气环境自净能力的符合程度,并为城市尺度污染控制提供合理的数据支持。针对模型区别,本章还提出了城市多层次环境容量的构想。

## 4.1　不同达标率下大气环境容量计算

大气环境容量是指一定区域范围内,考虑区域环境的自净能力,在环境大气质量一定达标率情况下,该区域所能容纳的最大污染物排放量。目前大气环境容量计算方法较多,经过对国内外多种方法的对比比较,选择调试好的大气质量模型模拟计算唐山市大气环境容量。其具体方法是通过将不同污染源数据输入模型中,根据大气质量模拟结果判断区域不同达标率情况下的大气环境容量。

唐山市的大部分地区的大气污染现状为三级污染,说明该地区环境容量不容乐观。对该地区污染物排放源强按一定比例进行增加调整,将调整后的源强带入主体大气质量模型(Ensemble-CMAQ)进行计算,判断其结果是否达到了大气污染物标准限值的要求。如果仍满足标准,则应继续调整排放源强,直至规划园区所在地不能满足标准要求。此时,各污染源的排放源强之和,即为大气环境容量。计算各方案下的 $SO_2$、$PM_{10}$ 的达标天数和达标率。该污染源清单污染源数据即为该达标率下的大气环境容量。将不同方案的污染物排放量和计算出的达标率进行拟合分析,绘制达标率与大气环境容量的曲线图。

(1) $PM_{10}$ 的达标率结果。对唐山市各类可削减的污染物排放量逐步逐量进行削减,以对选取代表月份各超标天数的大气质量进行模拟,根据计算反馈信息,重新调整污染物削减量,直到预期削减的某一天污染物浓度刚好达标为止,统计、记录该源清单下的唐山市 $PM_{10}$ 和 $SO_2$ 达标天数和达标率以及源清单数据量,则该源清单就是该达标率下的唐山市大气环境容量。

唐山市市区 2006 年 1 月、4 月、7 月、10 月 4 个代表月份 $PM_{10}$ 共有 18d 超标,依此推算全年 $PM_{10}$ 达标率为 85%。由于模型模拟存在着一定的误差,根据模拟结果,$PM_{10}$ 共 25d 超标,达标率为 78.8%。在此,选取达标率较低的模拟值为准,在这种条件下计算出的大气环境容量小一些,降低了环境风险。

把所有浓度数据按照从高到低排序,依次削减或增加污染源排放量,使其达到某达标率的要求;然后绘制达标率与环境容量的关系曲线,如图 4-1 所示。根据关系图确定出不同达标率下的大气环境容量。表 4-1 给出了按上述大气环境容量的确定方法计算出唐山市市区不同达标率情况下的各区县大气环境容量。

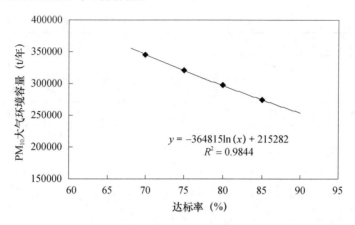

图 4-1　$PM_{10}$ 达标率与环境容量的关系曲线

**表 4-1　不同达标率下唐山市 $PM_{10}$ 大气环境容量（t/年）**

| 达标率 | 60% | 65% | 70% | 75% | 80% | 85% |
|---|---|---|---|---|---|---|
| 路南 | 1676 | 1554 | 1442 | 1337 | 1238 | 1146 |
| 路北 | 16609 | 15401 | 14283 | 13242 | 12269 | 11354 |
| 开平 | 8472 | 7856 | 7286 | 6755 | 6259 | 5792 |
| 古冶 | 11517 | 10679 | 9904 | 9182 | 8507 | 7873 |
| 丰润 | 24917 | 23106 | 21428 | 19867 | 18406 | 17034 |
| 丰南 | 64904 | 60185 | 55816 | 51749 | 47944 | 44370 |
| 玉田 | 12323 | 11427 | 10598 | 9826 | 9103 | 8425 |
| 遵化 | 22379 | 20752 | 19246 | 17843 | 16531 | 15299 |
| 迁安 | 142646 | 132275 | 122673 | 113733 | 105371 | 97516 |
| 迁西 | 13007 | 12061 | 11186 | 10370 | 9608 | 8892 |
| 滦县 | 11033 | 10231 | 9488 | 8797 | 8150 | 7543 |
| 滦南 | 42741 | 39633 | 36756 | 34078 | 31572 | 29219 |
| 唐海 | 9053 | 8395 | 7786 | 7218 | 6688 | 6189 |
| 乐亭 | 20361 | 18881 | 17510 | 16234 | 15041 | 13920 |
| 总计 | 401638 | 372436 | 345402 | 320231 | 296687 | 274572 |

根据模拟结果，2006 年达标率为 60%、65%、70% 和 75% 时，均没有超过唐山市 2006 年的现状排放总量。当达标率为 80% 时，容量为 296687t/年，约削减唐山市 2006 年 $PM_{10}$ 排放总量的 5.51%。当达标率为 85% 时，容量为 274572t/年，约削减唐山市 2006 年 $PM_{10}$ 排放总量的 12.55%。

根据大气环境容量计算方法，在表 4-1 的基础上给出了唐山市 1 月各区县的 80% 和 85% 达标率情况下 $PM_{10}$ 污染削减量（表 4-2）。从表中可以看出，80% 达标率时，迁安需要

削减的 $PM_{10}$ 排放量最大，为 6140.91t/年，85％达标率时，迁安需要削减量为 13995.91t/年，削减量非常大，其他几个原来排放量较大的乡镇也面临着削减量较大的问题。

表 4-2　唐山市 1 月不同达标率下 $PM_{10}$ 削减量

| 达标率 | 80％时（t/年） | 85％时（t/年） |
| --- | --- | --- |
| 路南 | 72.42 | 164.42 |
| 路北 | 714.81 | 1629.81 |
| 开平 | 364.25 | 831.25 |
| 古冶 | 496.02 | 1130.02 |
| 丰润 | 1072.81 | 2444.81 |
| 丰南 | 2793.96 | 6367.96 |
| 玉田 | 530.73 | 1208.73 |
| 遵化 | 963.71 | 2195.71 |
| 迁安 | 6140.91 | 13995.91 |
| 迁西 | 559.94 | 1275.94 |
| 滦县 | 475.15 | 1082.15 |
| 滦南 | 1840.08 | 4193.08 |
| 唐海 | 389.32 | 888.32 |
| 乐亭 | 876.33 | 1997.33 |
| 总计 | 14570.13 | 33205.13 |

（2）$SO_2$ 的达标率结果。唐山市市区 2006 年 1、4、7、10 月 4 个代表月中，只有 1 月 $SO_2$ 超标，实际检测数据显示超标 11d。根据数值模拟的结果，$SO_2$ 在 1 月超标 15d。同 $PM_{10}$，这里采用模拟结果进行达标率的测算。以此推算全年 $SO_2$ 达标率为 87.5％，全年达标率较高，但考虑到其超标时间均在冬季代表月份 1 月，在计算 $SO_2$ 全年容量时以冬季的达标率计算为主，给出唐山市 $SO_2$ 环境容量。唐山市 1 月 $SO_2$ 达标率与环境容量的关系曲线如图 4-2 所示，得出的具体环境容量见表 4-3。

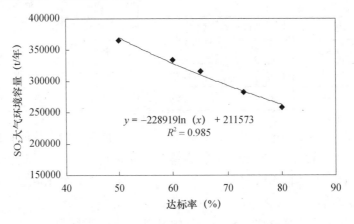

图 4-2　$SO_2$ 达标率与环境容量的关系曲线

**表 4-3 唐山市市区各达标率情况下的各区县 $SO_2$ 环境容量（t/年）**

| 全年达标率 | 91% | 92% | 94% | 95% |
|---|---|---|---|---|
| 冬季达标率 | 65% | 70% | 75% | 80% |
| 路南 | 832 | 786 | 744 | 704 |
| 路北 | 30462 | 28796 | 27245 | 25794 |
| 开平 | 59503 | 56248 | 53219 | 50385 |
| 古冶 | 16018 | 15142 | 14326 | 13563 |
| 丰润 | 30985 | 29290 | 27712 | 26237 |
| 丰南 | 52306 | 49445 | 46782 | 44290 |
| 玉田 | 2759 | 2609 | 2468 | 2337 |
| 遵化 | 20000 | 18906 | 17888 | 16935 |
| 迁安 | 41372 | 39110 | 37003 | 35033 |
| 迁西 | 14499 | 13706 | 12968 | 12277 |
| 滦县 | 2624 | 2480 | 2346 | 2222 |
| 滦南 | 22698 | 21457 | 20301 | 19220 |
| 唐海 | 2549 | 2410 | 2280 | 2159 |
| 乐亭 | 13581 | 12838 | 12147 | 11500 |
| 总计 | 310188 | 293223 | 277429 | 262656 |

表 4-4 给出了唐山市 1 月各达标率情况下的 $SO_2$ 削减量。根据模拟结果，2006 年冬季达标率为 65% 时，容量为 310188t/年；冬季达标率为 70% 时，容量为 293223t/年；冬季达标率为 75% 时，容量为 277429t/年；2006 年冬季达标率为 80% 时，容量为 262656t/年。

**表 4-4 唐山市 1 月各达标率情况下 $SO_2$ 削减量及削减率**

| 全年达标率 | 91% | 92% | 94% | 95% |
|---|---|---|---|---|
| 冬季达标率 | 65% | 70% | 75% | 80% |
| 削减量（t/a） | 23627.7 | 40592.7 | 56385.7 | 71159.7 |

唐山市污染源排放情况较为复杂，在实际削减过程中，可以参考上表给出的环境容量数据做适当的削减。值得注意的是，在计算环境容量的过程中，是在保持其与现有的排放量接近的条件下得出的，另外，由于达标率是以唐山市市区为目标的，在这种环境容量的情况下，玉田、乐亭、滦南等地区的大气质量达标率可能远远高于唐山市市区，所以，在这些地区，势必造成一定的环境容量的浪费。

（3）基于季节性变化的控制策略构想。对环境容量具有明显季节性变化特征的区域，应采取反映季节性变化的控制策略。这种策略不同于大气污染控制基本思路中的空间促进扩散方式，如增高点源高度、工厂的优化选址等，而是一种时间上促进污染扩散的方式，类似于间歇式控制。间歇式控制是指在不利气象条件时控制污染物的排放量，西方许多国家都编制了间歇式控制方案，很多城市制定了法规，当观测或预测到大气质量较差时，通过减少具有较重污染影响的活动来保证环境质量。目前美国颁布的联邦法规中，要求机动车在冬季使用氧化过的发动机燃料，这是一种在更广范围内实施的间歇式控制方案。国内的间歇性控制策略主要体现在控制采暖季的燃煤锅炉方面。直到 2008 年，为了履行申奥环保承诺，保障北京奥运会和残奥会期间获得良好的大气质量，环境保护部和北京、天津、河北、山西、内蒙古和山东 6 省区市共同制定了《第 29 届奥运会北京大气质量保障措施》，对燃煤、机动车、工业、扬尘等污染实施严格的污染治理和临时减排措施。在实施上述措施的基础上，如果奥运期间遇极端不利气象条件，北京、天津地区还将实行机动车限行制度。北京奥运期间的环境应急措施，可以说是间歇式控制方案在国内的一次深入的应用，也为城市大气污染季节性控制策略构想提供了有利的支持。

季节性变化策略可以同国家环境保护规划相结合。国家环境保护"十一五"规划中，提出了对污染控制实施分类管理，其中对优化开发区域，要求坚持环境优先的政策，执行严格的环境准入条件。为此，在该区域引入工业企业时，应以最不利于污染扩散季节的环境容量作为总量控制目标。对分类管理中的重点开发区域，要求环境与经济协调发展，采用优化控制，力求增产不增污，针对该区域，可以实施分季污染控制策略，以各季的环境容量作为各季的总量控制目标。这样做，既可以在环境容量较少的月份通过限制企业产量来满足大气质量标准，又可在环境容量较大的月份充分利用大气自净能力。当然，具体的控制措施还需要更全面的数值模拟和优化规划相结合来实现，这是本平台技术利用将来研究的重点问题。

## 4.2　基于网格化的理想环境容量的计算

笔者基于 CAMx 的 PSAT 技术，建立了一套基于城市尺度的大气理想环境容量计算方法。

该方法克服了两方面困难：①基于网格化的污染贡献方案的计算量（针对研究为 192 个网格的相互作用）巨大，难以实现，而 CAMx 的 PSAT 伴随矩阵可以同时计算多个源-受体的相关关系，使城市尺度敏感贡献网格化矩阵成为可能；②该方法实现了真实条件下的基于网格矩阵的大气环境容量计算，并利用 GIS 可视化技术实现了环境容量的直观化显示，为追求最优规划研究奠定了数据基础。

（1）方案设计。笔者以重工业城市唐山为例，设置 9km 网格分辨率，利用 CAEMS 的敏感源快速计算模块，将各网格分别增加单位 $PM_{10}$ 排放量，计算了各个网格之间的相互贡献系数矩阵。

笔者通过模型进行了 2006 年 1 月、4 月、7 月、10 月四季代表月的逐日数值模拟，得出小时分辨率的各网格的相互的污染贡献系数矩阵。利用优化方程，以各 9km 网格（同图 3-6 中的网格，共 192 个）均满足环境质量 $<150\mu g/m^3$ 为目标，确定各网格的最大大气环境容量——理想环境容量。

环境容量计算的目标方程为

$$\max Q = \sum_{i=1}^{n} Q_i \tag{4-1}$$

约束方程为

$$\sum_{j=1}^{n} GX_{i,j} Q_j \leqslant Co - CB_i \tag{4-2}$$

$$Q_i \geqslant 0 \tag{4-3}$$

式中　$Q_i$ 为第 $i$ 个网格的环境容量；$GX_{i,j}$ 为第 $j$ 个网格对第 $i$ 个网格的贡献值；Co 为大气质量浓度标准值；$CB_i$ 为第 $i$ 个网格的背景浓度。

（2）计算结果分析。图 4-3 给出了 2006 年 1 月、4 月、7 月、10 月的 $PM_{10}$ 环境容量的 GIS 等值线图。由图 4-3 可知，城市尺度各网格的最大大气环境容量直观可见。1 月、4 月、7 月、10 月的结果显示，理想环境容量具有明显的季节变化特征。10 月的自净能力最差，就唐山地区来说，按照 10 月的自净能力结果，唐山的北部地区及沿海部分地区的 $PM_{10}$ 自净能力最大，超过 6000t/（年·81km²），西北部玉田及遵化和丰润的部分地区环境自净能力最差，小于 1800t/（年·81km²）。1 月环境容量次之，7 月环境容量最好。

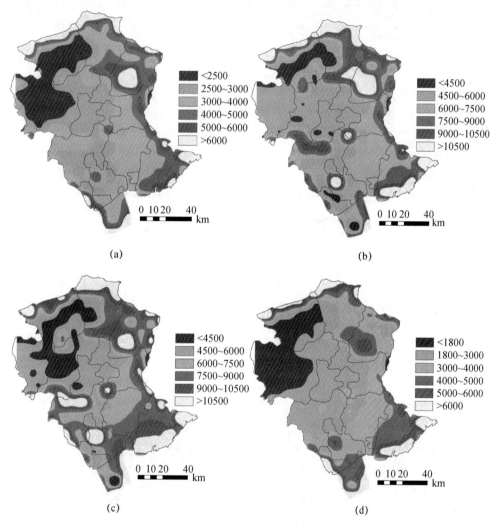

图 4-3　$PM_{10}$ 环境容量等值线图

(a) 1 月；(b) 4 月；(c) 7 月；(d) 10 月

本技术得出的环境容量还可以结合该地区的 $PM_{10}$ 实际排放量，分析现状排放与大气环境自净能力的符合程度，从而提出更合理的污染控制方案。

表 4-5、表 4-6 给出了基于网格化的 $PM_{10}$、$SO_2$ 贡献矩阵所计算出的各区县的大气环境容量。由表 4-5、表 4-6 可知，当每个网格均满足二级环境大气质量标准时，唐山市总体 $PM_{10}$ 环境容量为 81 万 t/年，$SO_2$ 环境容量为 96 万 t/年，远高于现状排放量。乐亭环境容量最大，迁安、迁西、滦南等地的理想环境容量次之，唐山市市区环境容量最小。这将为唐山地区的未来工业分布走向提供科学依据。

表 4-5 基于 9km 网格的唐山市 $PM_{10}$ 大气环境容量（t/年）

| 区域 | 1月 | 4月 | 7月 | 10月 | 年均 |
|------|------|------|------|------|------|
| 唐山市市区 | 16750 | 32305 | 31593 | 13151 | 23450 |
| 古冶 | 8798 | 18193 | 18749 | 7276 | 13254 |
| 丰南 | 46782 | 103587 | 123325 | 42619 | 79078 |
| 丰润 | 41937 | 88789 | 83403 | 30270 | 61100 |
| 玉田 | 32829 | 68951 | 64179 | 15981 | 45485 |
| 遵化 | 59232 | 107882 | 102040 | 41685 | 77710 |
| 迁西 | 75007 | 145524 | 137532 | 66114 | 106044 |
| 迁安 | 69085 | 127139 | 121542 | 52829 | 92649 |
| 滦县 | 42457 | 75184 | 80448 | 34385 | 58118 |
| 滦南 | 59584 | 111040 | 126796 | 62818 | 90060 |
| 唐海 | 26119 | 58098 | 73520 | 30236 | 46993 |
| 乐亭 | 70119 | 140465 | 172139 | 80426 | 115787 |
| 总计 | 548699 | 1077157 | 1135266 | 477790 | 809728 |

表 4-6 基于 9km 网格的唐山市 $SO_2$ 大气环境容量（t/年）

| 区域 | 1月 | 4月 | 7月 | 10月 | 年均 |
|------|------|------|------|------|------|
| 唐山市市区 | 22646 | 41397 | 39804 | 20314 | 31040 |
| 古冶 | 11151 | 20600 | 20016 | 10274 | 15510 |
| 丰南 | 64890 | 114376 | 129804 | 59353 | 92106 |
| 丰润 | 51768 | 101274 | 92826 | 49437 | 73826 |
| 玉田 | 47076 | 95379 | 81269 | 42990 | 66679 |
| 遵化 | 66959 | 122090 | 105356 | 64002 | 89601 |
| 迁西 | 80592 | 140611 | 126080 | 79460 | 106686 |
| 迁安 | 76754 | 133843 | 123661 | 71220 | 101369 |
| 滦县 | 55835 | 97176 | 94067 | 50914 | 74498 |
| 滦南 | 86349 | 141300 | 148380 | 89297 | 116331 |
| 唐海 | 34514 | 62681 | 72630 | 38673 | 52125 |
| 乐亭 | 96374 | 166905 | 184084 | 103318 | 137670 |
| 总计 | 694908 | 1237632 | 1217977 | 679252 | 957441 |

另外，值得注意的是，当环境容量结果为四季代表月算数平均时，代入模型 1 月、4 月、7 月、10 月进行模拟发现，1 月和 10 月均有若干个网格区域均值超过 $150\mu g/m^3$，从环保的角度来说，应选取最小环境容量月份的值来作为环境容量的年均值结果。

## 4.3 城市多层次环境容量计算方法

环境容量的计算是城市大气环境规划控制的基础，通常，受到控制目标及规划时间的限制，容量计算会有一定的差异性。为此，这里对比了三种环境容量的计算方法，并提出了城市多层次环境容量计算方法构想。

（1）不同环境容量计算方法的比较。为了得出两种环境容量计算方法的区别，这里根据实验验证的方法，设定了如下简化方案，按照行政区划中选中某一地区增加单位 $PM_{10}$、$SO_2$ 排放量情况（同图 3-2 中的选择区域），通过模型模拟各选中地区的相互污染贡献系数矩阵，并进行优化计算。同时，与理想环境容量和不同达标率下的大气环境容量计算结果相比较。图 4-4 给出了三种环境容量的对比结果。

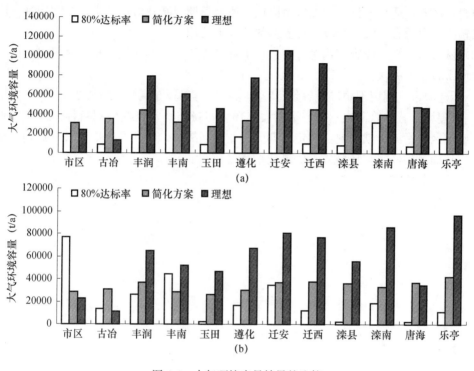

图 4-4　大气环境容量结果的比较

(a) $PM_{10}$；(b) $SO_2$

简化方案的模拟结果基本介于两者之间，在以往的环境总量控制研究中，基本都是在各区县选一个点这种简化方案，来计算环境容量的。不同达标率下的大气环境容量，是以某目标区域为控制中心，将环境容量与达标率挂钩所得出的便于与政府规划目标相结合的环境容量计算方法。理想环境容量是满足各个网格均达标的各个网格的最大允许污染物排放量。三种方法各有优缺点：

1）由图 4-4 可知，对 $PM_{10}$ 来说，简化方案的环境容量高于 80% 达标率下的大气环境容量，按照达标率和环境容量的关系曲线，简化方案的大气环境容量的达标率仅为 51%。这个结果是不矛盾的，因为简化方案的环境容量约束条件为年（月）均值达标。经统计分析，大气质量数据不属于正态分布，无法直接得出与达标率的关系，所以在年（月）均值满足环境大气质量要求的数据中，有多少天达标只能通过模型计算得出。

2）除迁安外，$PM_{10}$ 的理想环境容量均不同程度地高于简化方案的大气环境容量，不同达标率下的大气环境容量最小。这是由于迁安的现状污染物排放量大造成的，在达标率计算方法中，为了满足目标区域的环境质量达标率，则牺牲了其他区县的环境容量。但是不可否认，这种方法与规划紧密结合，适合短期规划的污染控制。而理想环境容量则适合长期的污染规划控制，或拟新建城市的工业布局规划优化。

3）SO$_2$的模拟结果表明，在达标率环境容量算法中，以市区为控制中心，为满足市区的大气质量达标率，则一定程度上限制了乐亭等地的工业发展。这说明该方法在较大区域的容量计算中存在着一定的局限性，即缺乏区域敏感贡献性修正因素。

综上所述，研究认为，不同达标率下的大气环境容量和理想环境容量具有一定的空间尺度和时间尺度限制。达标率环境容量计算方法适合较小城市区域规划，适合短期规划优化控制。理想环境容量适合面积较大的城市区域，适合长期或新建城市的工业规划控制。简单方案意义较小，仅适合在没有计算条件支持的条件下使用。

（2）城市多层次环境容量构想。通过以上环境容量计算的比较分析，这里提出以下构建多层次城市容量的方法：

1）新建城市。利用理想环境容量计算方案，制订工业布局优化配置方案。

2）已建城市。计算不同达标率下的大气环境容量，确定近期规划目标。计算理想环境容量，确定区域污染贡献情况，制定长期的工业发展战略，并注重短期与长期规划的结合优化研究，从而找到经济与环境效益的最佳平衡点。

# 第 5 章　CAEMS 在大气污染控制中的应用

本章根据线性优化模型的建立条件要求，确定了不同达标率（80%及 85%大气质量达标率）下各行业 $PM_{10}$ 污染物治理措施及其对应的排放削减费用指标，从而制定出优化合理的唐山各区县 $PM_{10}$ 污染物排放削减方案，并在削减的同时，考虑到各地区对唐山市城区污染物贡献的敏感性因素，在约束方程加入了敏感分析条件，获得了优于传统规划方法的结果，且对环境质量要求越高，敏感修正补偿作用越明显。

## 5.1　$PM_{10}$优化达标控制方案

前面已经确定了达标率分别为 80%和 85%时唐山各区县 $PM_{10}$ 达标削减量，因此应在此基础上制订合理的优化规划污染物排放控制削减方案，并加入敏感性修正因素，作为长期与短期优化控制相结合的一种方法尝试。其方案的前提如下：

（1）本次削减优化主要是针对各区县的 $PM_{10}$ 进行的。具体削减优化内容分为工业面源、居民面源、交通扬尘、机动车排放扬尘、裸地扬尘和施工扬尘等。工业面源包括建材、冶金、焦化等行业。

根据调查，扩建燃煤电厂，增加集中供热面积，可以有效削减居民燃煤和区域锅炉房排放量 1389.77t/年，机动车尾气排放执行新的国家标准，可减少 $PM_{10}$ 排放量 1033.70t/年。此两项削减措施分别属于市政工程和国家政策标准强制执行，因此不需要费用优化，可直接削减。所以这里进行优化达标控制模型设计时不考虑居民面源及机动车排放。

（2）考虑到各地区对唐山市城区污染物贡献的敏感性因素，应优先在敏感性贡献较大的地区进行削减，为此对约束方程进行了敏感性修正。另外，也要注意该地区关于削减量的硬性要求。

（3）为了和传统优化规划相对比，在研究中，笔者先进行了传统线性优化方程目标求解，然后对敏感修正后的规划方程进行了求解，计算均通过 MATLAB 编程来实现。

### 5.1.1　优化规划方程的建立

根据第 4 章确定的规划年大气环境质量达标需要削减的污染物量，制订污染物的达标控制削减方案。拟采用线性优化方法，以治理费用为目标，达标削减量为基本约束，以计算花费最少的达标削减分配方案。其形式如下：

目标方程为

$$\min Z = \sum \sum C_j X_{i,j} \tag{5-1}$$

约束方程为

$$0 \leqslant X_{i,j} \leqslant A_{i,j} \tag{5-2}$$

$$\sum X_{i,j} \geqslant B_i \tag{5-3}$$

式中，$Z$ 为控制大气污染的总消耗（元）；$X_{i,j}$ 为第 $i$ 区县第 $j$ 种工业的污染物削减量；$C_j$ 为

77

去除单位质量第 $j$ 种工业污染物的费用；$A_{i,j}$ 为第 $i$ 区县第 $j$ 种工业污染物的可以削减量即污染物削减上限；$B_i$ 为第 $i$ 区县必须削减的污染物量即污染物削减下限；$i$ 代表的区县依次为路南、路北、开平、古冶、丰润、丰南、玉田、遵化、迁安、迁西、滦县、滦南、唐海、乐亭。

唐山市按照行政划分为 14 个行政区县，按照不同行业及其削减措施，划分为 14 种工业类型。

所以目标方程可以写为

$$F(x) = C_1(X_{1,1} + X_{2,1} + X_{3,1} + X_{4,1} + X_{5,1} + X_{6,1} + X_{7,1} + X_{8,1} + X_{9,1} + X_{10,1} + X_{11,1} + X_{12,1} + X_{13,1} + X_{14,1}) + C_2(X_{1,2} + X_{2,2} + X_{3,2} + X_{4,2} + X_{5,2} + X_{6,2} + X_{7,2} + X_{8,2} + X_{9,2} + X_{10,2} + X_{11,2} + X_{12,2} + X_{13,2} + X_{14,2}) + C_3(X_{1,3} + X_{2,3} + X_{3,3} + X_{4,3} + X_{5,3} + X_{6,3} + X_{7,3} + X_{8,3} + X_{9,3} + X_{10,3} + X_{11,3} + X_{12,3} + X_{13,3} + X_{14,3}) + C_4(X_{1,4} + X_{2,4} + X_{3,4} + X_{4,4} + X_{5,4} + X_{6,4} + X_{7,4} + X_{8,4} + X_{9,4} + X_{10,4} + X_{11,4} + X_{12,4} + X_{13,4} + X_{14,4}) + C_5(X_{1,5} + X_{2,5} + X_{3,5} + X_{4,5} + X_{5,5} + X_{6,5} + X_{7,5} + X_{8,5} + X_{9,5} + X_{10,5} + X_{11,5} + X_{12,5} + X_{13,5} + X_{14,5}) + C_6(X_{1,6} + X_{2,6} + X_{3,6} + X_{4,6} + X_{5,6} + X_{6,6} + X_{7,6} + X_{8,6} + X_{9,6} + X_{10,6} + X_{11,6} + X_{12,6} + X_{13,6} + X_{14,6}) + C_7(X_{1,7} + X_{2,7} + X_{3,7} + X_{4,7} + X_{5,7} + X_{6,7} + X_{7,7} + X_{8,7} + X_{9,7} + X_{10,7} + X_{11,7} + X_{12,7} + X_{13,7} + X_{14,7}) + C_8(X_{1,8} + X_{2,8} + X_{3,8} + X_{4,8} + X_{5,8} + X_{6,8} + X_{7,8} + X_{8,8} + X_{9,8} + X_{10,8} + X_{11,8} + X_{12,8} + X_{13,8} + X_{14,8}) + C_9(X_{1,9} + X_{2,9} + X_{3,9} + X_{4,9} + X_{5,9} + X_{6,9} + X_{7,9} + X_{8,9} + X_{9,9} + X_{10,9} + X_{11,9} + X_{12,9} + X_{13,9} + X_{14,9}) + C_{10}(X_{1,10} + X_{2,10} + X_{3,10} + X_{4,10} + X_{5,10} + X_{6,10} + X_{7,10} + X_{8,10} + X_{9,10} + X_{10,10} + X_{11,10} + X_{12,10} + X_{13,10} + X_{14,10}) + C_{11}(X_{1,11} + X_{2,11} + X_{3,11} + X_{4,11} + X_{5,11} + X_{6,11} + X_{7,11} + X_{8,11} + X_{9,11} + X_{10,11} + X_{11,11} + X_{12,11} + X_{13,11} + X_{14,11}) + C_{12}(X_{1,12} + X_{2,12} + X_{3,12} + X_{4,12} + X_{5,12} + X_{6,12} + X_{7,12} + X_{8,12} + X_{9,12} + X_{10,12} + X_{11,12} + X_{12,12} + X_{13,12} + X_{14,12}) + C_{13}(X_{1,13} + X_{2,13} + X_{3,13} + X_{4,13} + X_{5,13} + X_{6,13} + X_{7,13} + X_{8,13} + X_{9,13} + X_{10,13} + X_{11,13} + X_{12,13} + X_{13,13} + X_{14,13}) + C_{14}(X_{1,14} + X_{2,14} + X_{3,14} + X_{4,14} + X_{5,14} + X_{6,14} + X_{7,14} + X_{8,14} + X_{9,14} + X_{10,14} + X_{11,14} + X_{12,14} + X_{13,14} + X_{14,14})$$

$$(5-4)$$

式中，$X_{,1}$ 代表建材削减量；$X_{,2}$ 代表冶金行业烧结机头有组织削减量；$X_{,3}$ 代表冶金行业烧结机尾有组织削减量；$X_{,4}$ 代表冶金行业白铁炉有组织削减量；$X_{,5}$ 代表冶金行业出铁场无组织削减量；$X_{,6}$ 代表冶金行业炼铁无组织削减量；$X_{,7}$ 代表冶金行业烧结无组织削减量；$X_{,8}$ 代表焦化行业削减量；$X_{,9}$ 代表交通扬尘削减量；$X_{,10}$ 代表料堆扬尘削减量；$X_{,11}$ 代表施工扬尘削减量；$X_{,12}$、$X_{,13}$、$X_{,14}$ 分别代表裸地扬尘用针阔混生林、优质草坪和灌木及藤本植物削减量。

## 5.1.2 方程敏感性修正

这项技术中，该约束方程加入了政策修正及敏感贡献修正因素。

（1）贡献敏感性修正。考虑到唐山地区的敏感识别结果，引用敏感修正约束方程，即通过各区域对唐山污染敏感程度的权重来修正区域污染物控制下限。

贡献敏感性权重计算定义为

$$\omega_i = a\frac{GX_i}{GX_o} \tag{5-5}$$

式中，$\omega_i$ 为第 $i$ 区县的贡献敏感性权重；$a$ 为经验系数，经过验证，这里取 $a = 10$；$GX_i$ 为第 $i$ 区县对市区的污染物贡献值；$GX_o$ 为目标区域对自身的贡献值，通过模拟计算确定。

修正后，下限约束方程变为

$$\sum X_{i,j} \leqslant \omega_i B_i \qquad (5\text{-}6)$$

修正后，下限约束不能超过上限约束，则判断语句为

如果

$$\omega_i B_i \leqslant \sum_{j=1}^{14} A_{i,j} \qquad (5\text{-}7)$$

则

$$\sum X_{i,j} \geqslant B_i \qquad (5\text{-}8)$$

（2）政策修正因素。根据唐山市的硬性减排要求，确定在大气质量达标率为 80% 及 85% 的情况时，各区县的减排量不能小于 5%。

因此，判断语句为

如果

$$\omega_i B_i \leqslant 0.05 D_{i,j} \qquad (5\text{-}9)$$

则

$$\sum X_{i,j} \leqslant 0.05 D_{i,j} \qquad (5\text{-}10)$$

式中，$D_{i,j}$ 为第 $i$ 区县对市区的污染物贡献值。

政策修正因素可以根据具体政策要求进行调整。

## 5.2　优化规划参数的确定

### 5.2.1　经济费用参数的确定

根据线性优化模型的建立条件要求，应对各种污染物在不同污染源的控制措施的费用、效益进行调查、核算，根据唐山市区的实际情况，并类比参考其他地区参数及相关资料，确定各行业污染物治理措施和主要治理措施的单位质量污染物排放削减费用指标。

这里参照了邯郸市环境质量相关研究报告，归纳总结了不同行业的每年去除单位质量污染物的费用（表 5-1）。

**表 5-1　唐山市 $PM_{10}$ 优化方程费用 [元/（t·年）]**

| 行业 | 建材 | 冶金 | | | | | |
| --- | --- | --- | --- | --- | --- | --- | --- |
| | | 烧结机头 | 烧结机尾 | 白铁炉 | 出铁场 | 炼铁 | 烧结 |
| 费用 | 13.44 | 833.29 | 73.82 | 174.6 | 180.61 | 174.6 | 469.21 |

| 行业 | 焦化 | 交通扬尘 | 料堆扬尘 | 施工扬尘 | 裸地扬尘 | | |
| --- | --- | --- | --- | --- | --- | --- | --- |
| | | | | | A 方式 | B 方式 | C 方式 |
| 费用 | 98.84 | 881.33 | 43700 | 52800 | 1800 | 10000 | 2500 |

表中建材行业主要指水泥，冶金行业主要以钢铁为主，钢铁行业的排放分为有组织排放和无组织排放两种，烧结机头、烧结机尾和白铁炉为有组织排放，出铁场、炼铁和后面的烧结代表无组织排放。裸地扬尘中 A、B、C 方式分别是用针阔混生林、优质草坪和灌木及藤本植物除尘。

### 5.2.2　上限约束参数的确定

根据国家和河北省以及唐山市的相关经济发展和环保政策，唐山市新建和扩建项目的环保审批必须符合新、扩建项目增产不增污的原则，也就是说在规划年内无论唐山市的国民经济或者工业经济如何发展，其区域污染物排放总量原则上不会增加，在一定条件下甚至可能减少。

目前，对工业企业比较可行的末端治理方法是安装除尘设施。理论上来说，唐山市工业企业已经有部分除尘设施，但还不够完善，无组织粉尘的排放量依然很大。由于具体的工业企业除尘措施及运行资料不全，本次优化参考北京工业大学编制的《唐山市环境容量报告》《邯郸市大气环境管理平台建设与环境质量全面达标规划研究报告》（以下称邯郸报告）及相关文献确定参数。

（1）建材行业控制。唐山市的建材行业主要是水泥生产，水泥也是唐山市的重要污染行业之一，加强对水泥生产企业污染物排放的治理是改善唐山大气质量的重要环节。

现在水泥行业中污染控制存在以下特点：一是大量中小型企业环保设备不到位，无组织粉尘排放量较大；二是部分企业采用的环保设备还是早期安装的旋风、湿式等效率较低的除尘器，达不到现代环保对企业污染治理的要求。因此，治理的主要措施是增加环保设备投资，选择应用高效、稳定的除尘器，降低无组织粉尘排放量，同时将现有的旋风、湿式等低效除尘器替换为大型脉冲布袋、静电等高效除尘设备，以满足环保治理要求。

目前，布袋除尘器和静电除尘器是比较高效的除尘设备，应用较为广泛。因此，这里主要对布袋除尘器和静电除尘器进行比较，分析其在水泥行业污染物削减中的费用效益。两者的特点对比见表5-2。

表5-2　布袋除尘器与静电除尘器的特点对比

| 除尘器类型 | 布袋除尘器 | 静电除尘器 |
| --- | --- | --- |
| 一次性投资 | 较小 | 较小 |
| 运行费用 | 较高 | 相对较低 |
| 除尘效率 | 高，稳定在99.9%以上 | 相对较低 |
| 污染物排放浓度 | 低，稳定低于50mg/m³ | 相对较高，在10~100mg/m³之间波动 |
| 运行稳定性 | 稳定 | 较布袋除尘器弱 |

同时，根据相关文献的调查数据，计算得出静电除尘器与布袋除尘器对无组织污染物$PM_{10}$的削减费用分别是9.36元/t和13.44元/t。经调查，削减有组织粉尘方式的削减费用见表5-3。

表5-3　水泥企业粉尘削减费用（元/t）

| 方式 | 旋风改为布袋 | 旋风改为静电 | 湿式改为布袋 | 湿式改为静电 |
| --- | --- | --- | --- | --- |
| 费用 | 21.20 | 6.45 | 28.27 | 8.60 |

从分析结果可以看出，布袋除尘器污染物削减费用较静电除尘器高，但是布袋除尘器除尘效率更高，污染物排放浓度更低，且运行更稳定。《水泥厂大气污染物排放标准》（GB 4915—2013）要求水泥企业水泥窑破碎机、磨机等生产环节的粉尘排放浓度低于30mg/m³，要想水泥企业污染物做到稳定达标排放，袋式除尘器是目前水泥窑粉尘治理比较

可靠的技术和设备。因此，建议唐山市水泥企业全部使用布袋除尘器或者在同一企业内部布袋除尘器与静电除尘器结合使用，以保证该类企业粉尘的稳定达标排放。

从表 5-3 可以看出，4 种方式削减粉尘费用平均值与袋式除尘削减费用相差不大。由于缺乏唐山市水泥行业粉尘现有削减方式，因此，为简化计算、减少参数，水泥行业在优化过程中的削减费用系数采用袋式除尘器的 13.44 元/（t/年）。削减上限分析如钢铁部分分析，削减上限定为现有排放量的 15%。

（2）冶金行业控制。唐山市的冶金行业以钢铁冶炼为主。钢铁企业是唐山市的支柱产业，产值大，排污量也大。2006 年钢铁行业 $PM_{10}$ 排放量为 114877.3t，约占唐山工业企业排放总量的 71.17%。因此，钢铁企业 $PM_{10}$ 的削减排放情况将直接影响唐山市大气质量状况。

目前，钢铁企业采用的除尘设备主要包括静电、袋式、湿式、旋风等几类，除尘效率各有不同，静电除尘器和布袋除尘器的效率一般在 90% 以上，湿式除尘器和旋风除尘器的除尘效率一般在 80%～90% 之间。由于每个钢铁企业削减措施和削减量资料欠缺，考虑到不同钢铁企业的削减措施与削减强度不同，根据上述情况，假设唐山钢铁企业的削减量为 80%～90% 之间，剩余量在 10%～15% 之间，若采用除尘效率在 90% 以上的静电除尘器和布袋除尘器，则以现有排放量的 15% 为削减上限。

按照文献调查的各阶段粉尘产生量的分摊比例，得出唐山市各区县钢铁企业粉尘排放情况，见表 5-4。钢铁企业粉尘排放分为有组织和无组织两类，主要来源是烧结、高炉和转炉等过程。本次对钢铁企业的削减优化将粉尘的产生分为以下几部分：有组织粉尘的削减在烧结机头、烧结机尾和白铁炉几个区域，无组织粉尘在出铁场、炼铁和烧结等阶段。

**表 5-4　唐山市钢铁企业粉尘排放（t/年）**

| 区县 | 烧结机头 | 烧结机尾 | 白灰炉 | 出铁场 | 炼铁 | 烧结 |
|------|---------|---------|--------|--------|------|------|
| 路南 | 0.000 | 0.000 | 0.000 | 0.000 | 0.000 | 0.000 |
| 路北 | 206.159 | 206.159 | 226.548 | 4077.873 | 2718.582 | 1806.724 |
| 开平 | 2.278 | 2.278 | 2.503 | 45.051 | 30.034 | 19.960 |
| 古冶 | 66.635 | 66.635 | 73.225 | 1318.053 | 878.702 | 583.971 |
| 丰润 | 57.088 | 57.088 | 62.734 | 1129.215 | 752.810 | 500.305 |
| 丰南 | 319.986 | 319.986 | 351.633 | 6329.399 | 4219.599 | 2804.275 |
| 玉田 | 0.000 | 0.000 | 0.000 | 0.000 | 0.000 | 0.000 |
| 遵化 | 108.806 | 108.806 | 119.567 | 2152.212 | 1434.808 | 953.549 |
| 迁安 | 1132.421 | 1132.421 | 1244.418 | 22399.527 | 14933.018 | 9924.235 |
| 迁西 | 81.582 | 81.582 | 89.651 | 1613.712 | 1075.808 | 714.964 |
| 滦县 | 4.745 | 4.745 | 5.214 | 93.850 | 62.566 | 41.581 |
| 滦南 | 535.525 | 535.525 | 588.489 | 10592.803 | 7061.868 | 4693.200 |
| 唐海 | 3.268 | 3.268 | 3.592 | 64.649 | 43.099 | 28.643 |
| 乐亭 | 44.035 | 44.035 | 48.391 | 871.031 | 580.688 | 385.915 |

钢铁企业除尘措施方面，由于烧结机烟气的物理、化学性质决定了在该处使用布袋除尘器容易损坏布袋，不经济，如果更换不及时，还容易降低除尘效率，因此建议烧结机头、机尾除尘设备改用或采用静电除尘器，其除尘效率可达 99% 以上。为控制无组织粉尘，建议

在高炉出铁场、炼铁料槽处安装静电或布袋除尘器，烟气捕集率和除尘效率分别在90％和99％以上，同时在烧结机头、烧结机尾改装的静电除尘器应设计增加收尘量，将烧结机排放的无组织粉尘收集处理。

（3）焦化行业控制。2006年，焦化企业共产生$PM_{10}$1874.37t，占唐山市工业企业$PM_{10}$排放总量的1.16％。焦化企业大气污染物主要来源于生产过程，基本为无控排放，对周围大气造成较大污染。

焦化企业的控制重点应放在生产工艺废气的排放上，特别是装煤和出焦生产工艺的废气收集、治理和排放。建议焦化企业根据自身状况选择装煤、出焦二合一地面站除尘，或者出焦、装煤分别建立地面站除尘，以及其他的装煤车载干式装煤除尘技术等。上述措施烟气捕集率均在90％以上，除尘效率一般在99％以上。

为保证削减的可行性，根据北京及邯郸报告中的一些焦化企业，选择最低的削减率15％确定本次优化的削减上限值。

（4）交通扬尘控制。交通扬尘排放受路面尘负荷、机动车流量等多种因素影响，2006年唐山市交通扬尘排放量约为31245.60t。

交通扬尘的控制有两种措施：阻止措施和减轻措施。阻止措施主要是指控制各种来源的尘土进入道路，这些来源包括：工地以及未铺装道路、停车场和路边；各种垃圾；植物残骸；融雪剂和防滑材料；降水和气流对附近区域的侵蚀；轮胎和刹车摩擦；降尘；路面摩擦；遗撒等。减轻措施是指在阻止措施的基础上通过清扫和冲洗道路来进一步减少排放。

根据大气与废物管理协会编写的2000年大气污染工程手册数据，如果对所有建筑工地的出入车辆出工地时进行轮胎清洗和苫盖，可减少道路扬尘排放的50％以上。人工道路清扫对道路扬尘量的削减作用有限且容易造成扬尘，道路冲刷受季节影响较大。真空清扫车在较好路面有80％以上除尘效率，且不会造成起尘。

建议提高唐山市机扫面积，对所有未铺装道路全部铺装，加强道路整修管理，控制车辆速度，运输车辆尽量密闭，减少遗撒，采取多种措施削减道路扬尘。

按照以上措施的除尘效率，考虑到措施推行的实际情况，本次优化确定削减上限为路南、路北、开平、古冶为排放量的80％，其余区县为60％，削减系数参考邯郸报告，为881.33元/（t·年）。

（5）料堆扬尘控制。由于垃圾废料和工厂生产原料堆放，存在一些料堆，这些料堆大多为无控排放，2006年排放量为3561.43t。建议建地下或地面封闭式料库存放工业料堆，其他料堆采用表面凝结剂覆盖等措施控制扬尘排放。

根据其他料堆扬尘控制研究，控制上限定为现有排放量的70％，削减费用为43700元/（t·年）。

（6）施工扬尘控制。根据施工扬尘中各扬尘污染源的排放特征和主要扬尘控制技术，施工扬尘源可以分为5部分：工地内运输扬尘，出口路段运输扬尘，地面操作扬尘，高空操作扬尘，风蚀扬尘。

目前施工工地常用的环保技术措施主要包括：裸地洒水和苫盖；工地周围安装围挡；工地内道路硬化路面（石子、水泥等）；简易洗车装置清洗进出工地汽车；推广使用商品混凝土等。虽采取了部分措施，但削减量依然不高，需进一步采取措施进行削减。削减方案可分为控制低方案和高方案两种，具体见表5-5和表5-6。施工扬尘削减上限定为现状排放量的70％。

表 5-5　施工扬尘低方案控制技术及 $PM_{10}$ 合计削减率

| 扬尘污染源 | | 扬尘控制技术 | 污染源比重（%） | 控制效率（%） | 削减率（%） | 施用说明 |
|---|---|---|---|---|---|---|
| 1. 出口路段运输扬尘 | | 车辆清洗措施 | 21 | 50 | 10.5 | 简易洗车装置 |
| 2. 围挡内施工扬尘 | 工地内运输扬尘 | 路面铺装和洒水 | 36 | 80 | 28.8 | 铺装混凝土，$W=0.4mmH_2O/h$ |
| | 地面操作扬尘 | 洒水 | 16 | 30 | 4.8 | 雨天操作、物料润湿（含水率为 5%） |
| | 高空操作扬尘 | 遮挡防尘网 | 16 | 10 | 1.6 | 尼龙塑胶网，网径 1mm、网距 5mm |
| | 风蚀扬尘 | 覆盖防尘网 | 11 | 17 | 1.83 | 尼龙塑胶网网径 1mm、网距 5mm |
| | 围挡内剩余施工扬尘 | 围挡 | 41.97 | 10 | 4.20 | 1.8m 硬质围挡 |
| 合计削减率（%） | | | | | 51.73 | |

表 5-6　施工扬尘高方案控制技术及 $PM_{10}$ 合计削减率

| 扬尘污染源 | | 扬尘控制技术 | 污染源比重（%） | 控制效率（%） | 削减率（%） | 施用说明 |
|---|---|---|---|---|---|---|
| 1. 出口路段运输扬尘 | | 车辆清洗措施 | 21 | 100 | 21 | BX-3 型半自动洗车装置 |
| 2. 围挡内施工扬尘 | 工地内运输扬尘 | 路面铺装和洒水 | 36 | 80 | 28.8 | 铺装混凝土，$W=0.4mmH_2O/h$ |
| | 地面操作扬尘 | 洒水 | 16 | 70 | 11.2 | 专用车高压喷雾、物料润湿（10%） |
| | 高空操作扬尘 | 遮挡防尘网 | 16 | 20 | 3.2 | 尼龙塑胶网，网径 0.5mm、网距 3mm |
| | 风蚀扬尘 | 覆盖防尘网 | 11 | 27 | 2.93 | 高强度纤维织布密闭覆盖 |
| | 围挡内剩余施工扬尘 | 围挡 | 32.87 | 15 | 4.93 | 2.4m 硬质围挡 |
| 合计削减率（%） | | | | | 72.06 | |

（7）裸地扬尘控制。建议唐山市对现有长期裸露地面进行绿化或者铺装，短期裸露地面采用表面土壤凝结剂覆盖等控制措施。优化削减上限定为现状排放量的 20%。

（8）上限约束参数总结。综上所述，确定的各行业不同 $PM_{10}$ 排放源削减上限比率见表 5-7。

表 5-7　各行业源削减上限比率（%）

| 污染源 | 建材 | 交通 | | 料堆扬尘 | 施工扬尘 | 裸地扬尘 | 居民扬尘 | 机动车 |
|---|---|---|---|---|---|---|---|---|
| | | 市区 | 其余区县 | | | | | |
| 削减上限 | 15 | 80 | 60 | 70 | 70 | 20 | 20 | 8.16 |

各区县分行业的削减上限见表 5-8。

表 5-8 各区县 PM₁₀ 排放源削减上限（t/年）

| 参数 | 路南 | 路北 | 开平 | 古冶 | 丰润 | 丰南 | 玉田 | 遵化 | 迁安 | 迁西 | 滦县 | 滦南 | 唐海 | 乐亭 |
|---|---|---|---|---|---|---|---|---|---|---|---|---|---|---|
| $X_{.1}$ | 45.517 | 10.035 | 57.634 | 42.462 | 141.27 | 27.061 | 12.834 | 20.639 | 548.6 | 2.3031 | 69.701 | 5.313 | 1108.5 | 215.45 |
| $X_{.2}$ | 0 | 30.924 | 0.34163 | 9.9952 | 8.5632 | 47.998 | 0 | 16.321 | 169.86 | 12.237 | 0.71169 | 80.329 | 0.49026 | 6.6053 |
| $X_{.3}$ | 0 | 30.924 | 0.34163 | 9.9952 | 8.5632 | 47.998 | 0 | 16.321 | 169.86 | 12.237 | 0.71169 | 80.329 | 0.49026 | 6.6053 |
| $X_{.4}$ | 0 | 33.982 | 0.37542 | 10.984 | 9.4101 | 52.745 | 0 | 17.935 | 186.66 | 13.448 | 0.78208 | 88.273 | 0.53874 | 7.2586 |
| $X_{.5}$ | 0 | 611.68 | 6.7576 | 197.71 | 169.38 | 949.41 | 0 | 322.83 | 3359.9 | 242.06 | 14.077 | 1588.9 | 9.6974 | 130.65 |
| $X_{.6}$ | 0 | 407.79 | 4.5051 | 131.81 | 112.92 | 632.94 | 0 | 215.22 | 2240 | 161.37 | 9.385 | 1059.3 | 6.4649 | 87.103 |
| $X_{.7}$ | 0 | 271.01 | 2.994 | 87.596 | 75.046 | 420.64 | 0 | 143.03 | 1488.6 | 107.24 | 6.2371 | 703.98 | 4.2965 | 57.887 |
| $X_{.8}$ | 0 | 0 | 20.605 | 0.8019 | 0 | 27.524 | 0 | 27.589 | 149.45 | 0.261 | 0.2394 | 6.0246 | 0 | 48.658 |
| $X_{.9}$ | 305.62 | 328.54 | 761.46 | 839.41 | 2981.7 | 2121.2 | 1497.5 | 1990.9 | 2424.5 | 1235.9 | 1318.8 | 1431.7 | 810.74 | 1444.2 |
| $X_{.10}$ | 4.781 | 156.21 | 35.273 | 70.175 | 66.199 | 372.93 | 13.678 | 71.043 | 1221.4 | 47.887 | 12.131 | 319.92 | 14.98 | 86.366 |
| $X_{.11}$ | 0 | 582.61 | 703.98 | 631.16 | 2257.6 | 2379 | 728.26 | 2670.3 | 3155.8 | 776.81 | 849.64 | 436.95 | 1140.9 | 898.19 |
| $X_{.12}$ | 3.7344 | 5.6659 | 363.8 | 171.84 | 1000.7 | 1026 | 785.42 | 854.72 | 790.37 | 602.38 | 767.57 | 955.78 | 606.82 | 985.27 |
| $X_{.13}$ | 3.7344 | 5.6659 | 363.8 | 171.84 | 1000.7 | 1026 | 785.42 | 854.72 | 790.37 | 602.38 | 767.57 | 955.78 | 606.82 | 985.27 |
| $X_{.14}$ | 3.7344 | 5.6659 | 363.8 | 171.84 | 1000.7 | 1026 | 785.42 | 854.72 | 790.37 | 602.38 | 767.57 | 955.78 | 606.82 | 985.27 |

## 5.2.3　下限约束参数敏感性修正

根据敏感系数修正方法，各区域按照唐山大气环境容量计算结果及各区县现有排放量统计，确定出各区域修正后的削减下限。其中，各区域贡献敏感性权重按照式（5-5）计算，涉及的参数来源于表 3-5。计算得出的权重值见表 5-9。

表 5-9　各区县污染贡献权重

| 路南 | 路北 | 开平 | 古冶 | 丰润 | 丰南 | 玉田 |
|------|------|------|------|------|------|------|
| 7.6778 | 1.3429 | 0.9748 | 0.9799 | 0.8638 | 0.6049 | 0.1183 |
| 遵化 | 迁安 | 迁西 | 滦县 | 滦南 | 唐海 | 乐亭 |
| 0.1060 | 0.2467 | 0.07813 | 0.4632 | 0.2065 | 0.2188 | 0.1183 |

注：计算方法见式（5-5）。

由于前述环境容量的计算方法带来的其他远郊区县容量浪费性，在计算各行业削减下限参数时，加入了敏感贡献判别因素，即通过第 3 章的各区县敏感贡献率对各区县的削减下限进行修正。修正后，各区县对唐山市的污染贡献值不能小于原削减量下的贡献值。另外，按照唐山市现在的总量控制要求（各区县的削减量不小于现状排放量的 5％）进行辅助系数修正。

传统方法和敏感修正后的各区县污染物削减贡献下限见表 5-10。

表 5-10　各区县不同达标率下削减值下限（t/年）

| 区县 | 达标率 | | | |
|------|--------|--------|--------|--------|
| | 80％ | 80％（修正） | 85％ | 85％（修正） |
| 路南 | 15.76 | 121.00 | 108.0184 | 367.11 |
| 路北 | 586.68 | 787.85 | 1500.727 | 2015.36 |
| 开平 | 299.75 | 292.20 | 766.0236 | 746.72 |
| 古冶 | 389.40 | 381.58 | 1023.214 | 1002.66 |
| 丰润 | 736.19 | 635.95 | 2107.496 | 1820.54 |
| 丰南 | 2570.35 | 2311.59 | 6142.297 | 3715.54 |
| 玉田 | 316.02 | 266.89 | 994.2319 | 266.89 |
| 遵化 | 715.34 | 626.12 | 1946.966 | 626.12 |
| 迁安 | 5864.50 | 5295.79 | 13714.94 | 5295.79 |
| 迁西 | 423.81 | 371.95 | 1139.631 | 371.95 |
| 滦县 | 293.13 | 250.49 | 900.3361 | 250.49 |
| 滦南 | 1649.33 | 1478.92 | 4001.539 | 1478.92 |
| 唐海 | 317.62 | 281.52 | 815.8589 | 281.52 |
| 乐亭 | 698.85 | 617.68 | 1819.429 | 617.68 |

注：机动车和居民面源除外。

经过敏感贡献判别后发现，当达标率为 80％时，贡献率排名 5 位以下的区县均需要用

5%值来进行辅助计算。当达标率为85%情况时，各别区县的下限值超过了上限值，贡献率排名靠后的区县仍需要用5%值来进行辅助计算。当达标率为85%情况时，总的下限控制量减小18123t/年，按此方法削减后是否可以满足控制质量标准要求，可以通过模型计算验证。

## 5.3 PM$_{10}$优化控制方案计算

为了和传统优化规划相对比，在研究中，先进行传统的目标求解，线性优化方程运用MATLAB相关程序进行计算；然后加入敏感修正因素及政府决策因素进行求解。根据表5-4、表5-8和表5-10，分别建立唐山市区80%和85%达标率污染物PM$_{10}$优化方程。

### 5.3.1 PM$_{10}$优化控制削减分析

将规划目标方程、优化参数及约束条件编程求解，得出唐山市区PM$_{10}$达标率为80%和85%时各PM$_{10}$排放源的具体削减量。图5-1给出了80%达标率下的PM$_{10}$排放源削减量。图5-2给出了85%达标率下的PM$_{10}$排放源削减量。

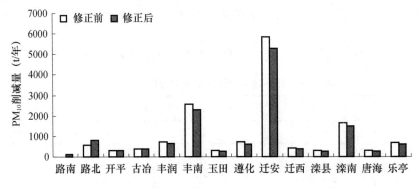

图5-1 80%达标率下的PM$_{10}$削减量

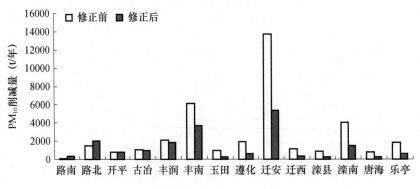

图5-2 85%达标率下的PM$_{10}$削减量

（1）80%达标率下的PM$_{10}$削减分析。从图5-1可以看出，当环境质量达标率在80%时，传统规划与敏感性修正后规划的结果相差不多，传统规划的唐山市总体污染源削减量为14877t/年，修正后总体污染源削减量为13720t/年，污染源削减量减少了1157t/年。由于路南、路北对唐山市市区的污染贡献较大，所以削减量比传统方法增加，丰润、迁安、滦南等由于污染贡献相对较小，削减量有所降低。

这说明，当加入敏感修正后，规划结果优于传统方法。如前所述，试差法得出的不同达标率下的大气环境容量在充分保障关心地区的环境质量达标率基础上，势必造成较远区域环境容量的浪费，加入敏感修正以后，可补偿不同达标率下环境容量计算所带来的容量浪费现象，污染物控制向理想环境容量削减量靠近。将 80% 的削减量代入 CAEMS 进行模拟，所得的 $PM_{10}$ 的达标率达 81.4%，满足 80% 达标率要求。

（2）85% 达标率下的 $PM_{10}$ 削减分析。从图 5-2 可以看出，当环境质量达标率在 85% 时，传统规划与敏感性修正后规划的结果相差不多，传统规划的唐山市总体污染源削减量为 36981t/年，修正后总体污染源削减量为 18858t/年，污染源削减量减少了 49%，削减总量变化明显。

与传统方法相比，由于路南、路北对唐山市市区的污染贡献较大，单位污染物削减费用较大的料堆、施工、裸地扬尘都有不同程度的削减。而迁安、滦南地区由于污染贡献系数较小，削减量大幅减少，这说明，当对目标区域环境质量要求较高时，加入敏感修正后，可以很好地补偿不同达标率下环境容量计算所带来的容量浪费现象。将 85% 的削减量代入 CAEMS 进行模拟，所得的 $PM_{10}$ 的达标率达 85.7%，满足 85% 达标率要求。

### 5.3.2　$PM_{10}$ 削减费用概算及分析

根据上述削减结果，计算得到本次优化削减费用，见表 5-11。

表 5-11　各区县不同达标率下的削减费用（万元）

| 区县 | 达标率 | | | |
|---|---|---|---|---|
| | 80% | 80%（修正） | 85% | 85%（修正） |
| 路南 | 0.02 | 6.71 | 5.57 | 53.22 |
| 路北 | 10.08 | 13.47 | 43.74 | 1373.15 |
| 开平 | 18.84 | 18.17 | 59.93 | 58.23 |
| 古冶 | 6.20 | 5.98 | 58.10 | 56.21 |
| 丰润 | 28.35 | 19.45 | 149.21 | 123.85 |
| 丰南 | 85.98 | 62.8 | 622.73 | 186.53 |
| 玉田 | 26.74 | 22.41 | 86.51 | 22.41 |
| 遵化 | 14.90 | 10.58 | 121.38 | 10.58 |
| 迁安 | 93.60 | 81.98 | 4185.80 | 81.98 |
| 迁西 | 7.48 | 6.44 | 65.53 | 6.44 |
| 滦县 | 17.75 | 13.99 | 71.26 | 13.99 |
| 滦南 | 28.74 | 25.03 | 124.05 | 25.03 |
| 唐海 | 0.43 | 0.38 | 1.10 | 0.38 |
| 乐亭 | 20.36 | 13.16 | 119.12 | 13.16 |
| 总计 | 359.47 | 300.55 | 5714.03 | 2025.16 |

表 5-11 中，80% 达标率下，传统方法削减后，总费用为 359.47 万元，敏感修正后，总费用为 300.55 万元，比传统方法降低 16.39%。除路南、路北削减费用比传统方法增加外，其余地区的费用均不同程度地降低，乐亭由于对唐山市市区的大气质量贡献率小，费用降幅

达 35.36％。这进一步证明，敏感修正方法优于传统规划方法。

表 5-11 中，85％达标率下，传统方法削减后，总费用为 5714.03 万元，敏感修正后，总费用为 2025.14 万元，比传统方法降低 64.56％。除路南、路北削减费用比传统方法增加外，其余地区的费用均不同程度地降低，乐亭由于对唐山市市区的大气质量贡献率小，费用降幅达 89.0％。这进一步证明，敏感修正方法优于传统规划方法，而且对环境质量要求越高，敏感修正补偿作用越明显。

# 第6章 CAEMS 在区域污染贡献中的应用

本章基于 CAEMS，定量分析了真实条件下的城市群区域的污染物相互贡献影响；分析了北京市、天津市、河北省除唐山市区域对唐山大气环境的影响；研究了唐山市对周边北京市、天津市、秦皇岛市、承德市及距离较远的保定、沧州、石家庄和赤峰市的污染贡献；得出了京津唐三个城市的相互污染贡献情况，并说明了其贡献情况与北京边界层偏东气流输送通道的符合性。该研究为城市群区域污染控制协同方案的制订提供了科学依据。

## 6.1 周边省市对唐山大气环境浓度贡献

### 6.1.1 方案设计

基于 CAEMS，通过个例情景模拟结果与基本情景模拟结果对比来研究分析周边省、市大气污染对唐山的影响。

基本情景考虑了整个研究区域（包括北京、天津、河北、山东、辽宁和内蒙古的部分地区）的所有污染源排放的情况。为研究唐山周边省市大气污染源对唐山市大气质量的整体影响，需将唐山本地污染源削减后进行模拟，模拟结果即为周边省市对唐山的总体贡献值，其与基本情景模拟结果之间的比值即为周边地区对唐山市污染物浓度贡献的整体贡献率；而研究唐山周边某一省（市）对唐山的影响时，则削减该省（市）的污染源，保留其他区域的污染源进行模拟，模拟结果与基本情景的模拟结果比较，两者的差值为该省（市）大气污染源对唐山市的贡献值，差值与基本情景模拟结果之比即为该省（市）大气污染源对唐山市的贡献率。污染源削减设计方案见表 6-1。

表 6-1 污染源削减设计方案

| 方案 | 污染物削减区域 | 研究目的 |
| --- | --- | --- |
| 1 | 唐山 | 周边对唐山总体影响 |
| 2 | 北京 | 北京对唐山影响 |
| 3 | 天津 | 天津对唐山影响 |
| 4 | 河北除唐山外其他地区 | 河北其他地区对唐山影响 |

### 6.1.2 模拟结果

表 6-2 给出了周边及周边各省市大气污染对唐山市 $PM_{10}$ 的各月平均贡献率的汇总情况。

表 6-2  PM$_{10}$的各月平均贡献率的汇总情况（％）

| 地区 | PM$_{10}$ | | | | |
|---|---|---|---|---|---|
| | 1 月 | 4 月 | 7 月 | 10 月 | 全年 |
| 周边* | 22.17 | 27.48 | 17.90 | 29.40 | 24.24 |
| 北京** | 1.55 | 0.74 | 0.42 | 0.54 | 0.81 |
| 天津** | 3.85 | 3.25 | 4.15 | 6.02 | 4.32 |
| 河北省其他地区** | 5.32 | 7.51 | 6.51 | 7.32 | 6.67 |

\* 指通过削减唐山市本地污染源后模拟结果计算的周边贡献率。

\* \* 指通过削减相应地区污染源后模拟结果计算的相应地区贡献率。

从周边总体对唐山 PM$_{10}$贡献率来看，1 月、4 月、7 月、10 月周边影响相差不大，均在 17％～30％之间。通过对华北区域多年气象条件的分析，同时参考唐山及周边地区污染源分布情况可知：在 1 月，华北区域盛行西北风，且在唐山的上风向即北部区域的污染源排放较少，因而在 1 月外来污染物的贡献率较少；在 7 月，华北区域主导风向为偏南风，且唐山南部为渤海，污染源排放很少，因此在偏南气流的主导下，夏季受周边影响最小。另外，在西南气流的作用下，天津等地的污染源排放对唐山大气环境质量在夏季也会造成一定的影响。

比较计算结果可知，周边三个主要省市中，河北省其他地区大气污染源对唐山的 PM$_{10}$贡献最大，其次是天津市。全年来看，4 月和 10 月唐山市污染物受周边省市的影响严重。

## 6.2  唐山对周边城市的影响分析

### 6.2.1  唐山市对周边城市大气环境浓度贡献

通过个例情景模拟结果与基本情景模拟结果对比来分析唐山大气污染对周边主要城市（包括距离较近的北京市、天津市、秦皇岛市、承德市及距离较远的保定、沧州和石家庄）大气质量影响。基本情景考虑了整个研究区域（包括北京、天津、河北、辽宁、山东、内蒙古的部分地区）的所有污染源排放情况。

为研究唐山市大气污染源对周边主要城市大气质量的影响，须将唐山本地污染源关闭后进行模拟，某一城市中心的模拟结果与基本情景的模拟结果比较，两者的差值为唐山大气污染源对该省（市）的贡献值，差值与基本情景模拟结果之比即为唐山大气污染源对该省（市）的贡献率。

表 6-3 为 2006 年唐山大气污染对周边主要城市的 PM$_{10}$各月平均贡献率统计表。从表中可以看出，唐山大气污染对周边不同城市 PM$_{10}$的贡献率存在个体差异，离唐山较近的天津、秦皇岛、承德受唐山大气污染的影响较大，其次受影响的是北京、保定，距离较远的石家庄、沧州、赤峰受影响较小。

表 6-3  唐山污染源对周边城市的 PM$_{10}$贡献率（％）

| 城市 | 北京 | 天津 | 保定 | 石家庄 | 秦皇岛 | 承德 | 沧州 | 赤峰 |
|---|---|---|---|---|---|---|---|---|
| 1 月 | 2.80 | 6.75 | 3.57 | 1.25 | 6.16 | 4.11 | 3.92 | 2.11 |
| 4 月 | 3.48 | 5.00 | 2.7 | 1.26 | 3.12 | 6.2 | 4.32 | 2.52 |
| 7 月 | 1.34 | 2.14 | 1.80 | 0.90 | 1.01 | 2.45 | 1.66 | 0.80 |
| 10 月 | 1.72 | 5.7 | 2.24 | 0.86 | 8 | 4.06 | 3.06 | 2.62 |
| 全年平均 | 2.34 | 4.90 | 2.58 | 1.07 | 4.57 | 4.21 | 3.24 | 2.01 |

但在特定的气象条件下，唐山对较远的城市贡献率会大于相对较近的城市，例如在 10 月，唐山对北京市的贡献率小于距离较远的沧州市的贡献率。可见除输送距离远近外，特定的气象条件输送背景场以及特定的输送通道也是造成唐山对周边城市大气质量影响差异的重要因素。

唐山市 $PM_{10}$ 对周边的年浓度贡献均值如图 6-1 所示。从图中可以看出，唐山 $PM_{10}$ 污染源的年日浓度贡献均值主要按照东北—西南方向延伸扩散，而近距离的天津、秦皇岛、承德均受到较大影响，这体现了地形因素和气象因素双重作用的结果。沿北京西部向南延伸的太行山脉对唐山地区的污染物向西北方向扩散起到了阻碍作用。

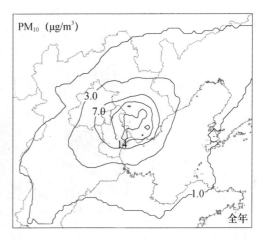

图 6-1　唐山市 $PM_{10}$ 对周边的年浓度贡献均值

## 6.2.2　京津唐地区相互影响分析

近年来，大气的区域污染研究已经越来越受到重视，当简单地对单一地区实施污染治理后，并不能达到很好的效果，这是大气污染的区域性问题造成的。唐山市 $PM_{10}$ 的年周边贡献率为 24%，在某种重污染情况下，$PM_{10}$ 可能达到 45%，所以即使关闭所有唐山市的工厂，大气质量也可能无法达标。为此，必须重视与周边区域的联合治理。这里基于 CAEMS 计算了京津唐地区的相互污染贡献。表 6-4 为京津唐的 $PM_{10}$ 浓度相互贡献率表。

表 6-4　京津唐的 $PM_{10}$ 浓度相互贡献率表（%）

| 1 月 $PM_{10}$ | 唐山 | 北京 | 天津 | 4 月 $PM_{10}$ | 唐山 | 北京 | 天津 |
| --- | --- | --- | --- | --- | --- | --- | --- |
| 唐山 | 77.83 | 2.80 | 6.75 | 唐山 | 72.52 | 3.48 | 5.00 |
| 北京 | 1.27 | 77.17 | 4.23 | 北京 | 0.98 | 71.60 | 2.61 |
| 天津 | 3.00 | 1.37 | 70.83 | 天津 | 3.10 | 2.25 | 66.15 |
| 7 月 $PM_{10}$ | 唐山 | 北京 | 天津 | 10 月 $PM_{10}$ | 唐山 | 北京 | 天津 |
| 唐山 | 82.10 | 1.34 | 2.14 | 唐山 | 70.60 | 1.72 | 5.70 |
| 北京 | 0.43 | 63.08 | 0.96 | 北京 | 0.61 | 69.86 | 0.99 |
| 天津 | 4.55 | 6.12 | 71.81 | 天津 | 5.57 | 1.33 | 61.17 |
| 全年 $PM_{10}$ | 唐山 | 北京 | 天津 | | | | |
| 唐山 | 75.76 | 2.34 | 4.90 | | | | |
| 北京 | 0.82 | 70.43 | 2.20 | | | | |
| 天津 | 4.06 | 2.77 | 67.49 | | | | |

注：该表的受体区域唐山为整个唐山地区；行为受体区域，列为源域。

从图 6-2 中可以看出，就京津唐城市圈在基准年的相互影响而言，唐山与天津的相互贡献率之和大于北京与天津之间的相互影响，唐山与北京之间的影响较小。由于地理位置因素，京津唐所在的华北地区常年的风向中，以东北风和西南风居多，天津和唐山正好相互位于下风向，因此受到的相互影响较大，而北京在该线的西北方，受到的影响相对于唐山、天津两城市来说较小。

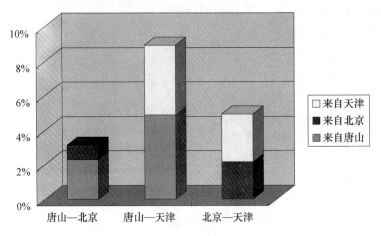

图 6-2　京津唐的 $PM_{10}$ 浓度相互贡献率图

　　唐山对北京的污染贡献率要大于北京对唐山的污染贡献率，由于唐山地区的常年风向以东风为主，由《北京边界外来污染物输送通道》的研究结果可知，唐山市位于北京边界层偏东气流输送通道——燕山山前东风带上，也进一步证明了这个结论。从地理位置看，唐山的污染物先向西输送到天津后（图 6-3），再到达北京，而反过来的输送情况较少。

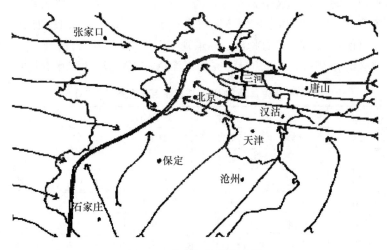

图 6-3　偏东气流输送通道

　　从区域角度分析，京津唐地区由于特殊的地理位置及地形地貌条件，形成了城市群城市之间特有的污染贡献情况。其中，天津市与唐山市之间的相互作用在某种情况下非常明显。所以，如果决策者在区域污染控制层面上来改善大气环境质量，进行污染源排放的治理及削减规划，将对整个京津唐地区的可持续发展起到更好的作用。对唐山自身来说，加强与天津的合作将能更好地改善两地的大气质量问题。

# 第7章　总结及展望

## 7.1　总　　结

本书以典型重工业城市唐山的普查数据为基础，同时充分考虑唐山市的地形、地貌等因素，利用 RBF 神经网络技术实现 MM5、WRF 的智能化集成，并和第三代大气质量模型 CMAQ、CAMx 相耦合，建立了动态大气环境管理平台。基于该平台的 CAMx 模型的颗粒物识别技术，建立了敏感源及敏感区域筛选快速计算模块。

本书主要包括以下内容：

（1）建立基于乡镇级别的高分辨率动态源清单。污染源清单的建立是对区域性大气污染进行有效管理的前提。笔者在对唐山市地区污染源进行调查的基础上，结合地理信息系统（GIS）技术，建立起以乡镇为基础单元的污染源清单。同时，为满足未来规划需要，本次研究设计了清单的动态更新功能。

（2）MM5 与 WRF 气象模型的智能化集成。气象模型智能化集成系统利用人工神经网络技术将两种目前应用较为广泛的三维气象模型（WRF 和 MM5）进行优化集成。其中，MM5 是美国宾夕法尼亚大学（PSU）和美国国家气象中心（NCAR）联合开发的有限区域中尺度数值模型，WRF 模型是由美国 NOAA、NCEP、Air Force 等联合开发的下一代多尺度数值预报模型。集中技术以径向基 RBF 神经网络为基础，优化集成了近地面垂直层的温度、海平面压力、风等因素，并加入了地形、地理位置因素的修正。由于该方法具有通用性，它可继续开发成三种及其以上的气象模型集成形式。研究结果表明，该气象智能化集成模型比国际较先进的 WRF 和 MM5 更接近观测值，提高了大气环境管理平台的准确性和有效性。

（3）集成气象模型与大气质量模型的耦合。笔者利用气象集成模型 Ensemble 与 CMAQ、CAMx 偶合，建立了大气环境质量管理平台（CAEMS）。其中，CAMx 为敏感识别快速计算模块。可以根据研究的需要选择适合的模块进行应用研究。经验证，建立的 CAEMS 平台，可以有效地提高城市尺度模拟的准确度，获得更好的大气质量模拟效果。

（4）敏感源及敏感区域的识别。笔者应用 CAEMS 的 CMAQ 和 CAMx 模块分别对唐山市大气质量影响较大的污染贡献敏感区域进行了筛选。研究结果表明，两模块得出的各区县对市区的贡献结果基本相同，尤其是贡献率大于 3% 的区域，贡献率排序一致。比较 CAMx 与 CMAQ 可以发现，两种方法各有优缺点，CAMx 的多方案模拟时间占有绝对的优势。基于 CAMx 的多方案计算优势，建立了城市三维污染贡献敏感区域计算方法，为不同高度的污染源的优化规划提供了依据。

（5）环境容量的确定。笔者利用 CAEMS 模型相耦合系统，得出唐山市四季的不同达标率下的大气环境容量。同时，笔者基于 CAMx 的网格化的贡献矩阵敏感识别方法，确定了网格化的大气环境容量计算，提出了城市多层次环境容量计算框架。

（6）笔者根据不同的大气质量控制目标，利用大气环境模型的模拟结果，进行规划控制分析。同时，笔者结合敏感源及敏感区域的筛选结果修正规划的约束方程，提出了更合理的达标控制方案。

（7）典型城市及周边城市的相互影响分析。笔者利用 CAEMS，从区域的角度分析唐山对周边城市及周边城市对唐山的影响，并把京津唐地区作为一个总体进行分析，为区域协同控制规划提供了技术支持。

## 7.2 展　望

笔者创建了的典型城市大气环境管理平台，建立了典型城市大气环境管理的一般方法，有一定的创新性和应用性，但研究中仍存在着深入研究空间，主要包括以下几方面内容：

（1）气象模型智能化集成模块。气象模型智能化集成模块可从两方面进一步改善气象模型模拟效果：该模块可集成两种以上气象模型，除 MM5、WRF 模型外，还可引进其他中尺度模块，进行更多模型的集成研究；可以通过不同季节，不同时间段的集成模型与单个模型的对比分析，得出各模型擅长的模拟时段、地形等，并修改判别程序，在该情况发生时直接使用单个模型的模拟成果，以减小计算量。

（2）源清单模块的反向识别功能。基于 CAMx 的网格化快速污染贡献计算模块，可编辑源清单反向识别模块，实现从模拟结果到源清单的网格化反向识别。困难是对监测点数量要求较高，且采用何种优化方法减少计算量也是研究的难点之一。

（3）城市群及更大尺度的敏感源、敏感区域的筛选。可继续利用该模型研究城市群及更大尺度的敏感源及敏感区域的筛选方法，并确定适合城市群及更大尺度区域的网格环境容量，从而为建立区域协同规划控制方案提供科学的数据支持。

# 参 考 文 献

[1] F. Wang, D. S. Chen, S. Y. Cheng, et al. Identification of Regional Atmospheric $PM_{10}$ Transport Pathways Using HYSPLIT, MM5-CMAQ and Synoptic Pressure Pattern Analysis[J]. Environmental Modelling & Software, 2010, 25 (8): 927-934.

[2] M. Y. Huang, Z. F. Wang, D. Y. et al. Modeling studies on sulfur deposition and transport in East Asia [J]. Water Air Soil Pollut, 1995, 85 (4): 1921-1926.

[3] Z. F. Wang, W. Sha, H. Ueda. Numerical modeling of pollutant transport and chemistry during a high-ozone event in northern Taiwan[J]. Tellus, 2000, 52 (5): 1189-1205.

[4] C. H. Chen, B. H. Chen, B. Y. Wang, et al. Low-carbon Energy Policy and Ambient Air Pollution in Shanghai, China: A Health-based Economic Assessment[J]. Science of the Total Environment, 2007, 373 (1): 13-21.

[5] J. Dudhia, D. Gill, K. Manning, et al. PSU/NCAR Mesoscale Modeling System Tutorial Class Notes and User's Guide: MM5 Modeling System Version 3[R]. National Center for Atmospheric Research, 2002.

[6] 高安春, 申培鲁. 利用 MM5 模式输出产品制作空气质量预报方法探讨[J]. 气象科学, 2007, 27 (1): 57-62.

[7] 赵春生, 彭丽, 孙爱东, 等. 长江三角洲地区对流层臭氧的数值模拟研究[J]. 环境科学学报, 2004, 24 (3): 525-533.

[8] 房小怡, 蒋维楣. 城市空气质量数值预报模式系统及其应用[J]. 环境科学学报, 2004, 24 (1): 111-115.

[9] 余文卓, 顾钧. ARPS 气象模式在静风条件下的模拟应用[J]. 苏州大学学报, 2000, 16 (2): 80-83.

[10] 邓雪娇, 黄健, 吴兑, 等. 深圳地区典型大气污染过程分析[J]. 中国环境科学. 2006, 26 (B07): 7-11.

[11] 李元平, 梁爱民, 张中锋, 等. 北京地区一次冬季平流雾过程数值模拟分析[J]. 云南大学学报（自然科学版）. 2007, 29 (2): 167-172.

[12] 密保秀, 李金龙. 大气环境质量预测模型研究[J]. 环境科学研究, 1997, 10 (5): 39-42.

[13] 桑建国, 温市耕. 二维波地形上的流场[J]. 应用气象学报, 1995, 6 (1): 27-34.

[14] S. Y. Cheng, G. H Huang, A. Chakma. Estimation of Atmospheric Mixing Heights using Data from Airport Meteorological Stations[J]. Journal of Environmental Science and Health, 2001, 36 (4): 521-532.

[15] 程水源, 汤大纲. 三维多箱模型预测大气环境方法的研究[J]. 环境科学进展, 1998, 6 (3): 62-66.

[16] 程水源. 对几种大气环境预测方法的评估[J]. 环境科学, 1991, 11 (3): 85-88.

[17] 多维多箱大气环境质量预测模型系统 V1.0, 登记号: 2007SRBJ0772.

[18] 多维多箱大气环境质量预测模型系统 V2.0, 登记号: 2008SRBJ0489.

[19] 多维多箱大气环境质量预测模型系统 V3.0, 登记号: 2008SRBJ1267.

[20] G. H. Huang, B. W. Baetz, G. G. Party. A Grey Fuzzy Linear Programing Approach for Municipal Solid Waste Management Planning Under Uncertainty [J]. Civil Engineering Systems, 1993, 10 (2):

123-146.

[21] G. H. Huang, B. W. Baetz, G. G. Party. A Grey Linear Programing Approach for Municipal solid waste management planning under uncertainty[J]. Civil Engineering Systems, 1992, 9: 319-335.

[22] 桑建国, 刘辉志, 洪钟祥. 二维地形的地形阻力[J]. 大气科学, 1998, 22 (12): 223-226.

[23] 刘红年, 蒋维楣, 等. 中国对流层二氧化硫光化学氧化过程的数值研究[J]. 环境科学学报, 2001, 21 (3): 358-363.

[24] D. W. Byun, J. K. S. Ching, J. Novak, et al. Development and Implementation of the EPA's Models-3 Initial Operating Version: Community Multi-scale Air Quality (CMAQ) model[C]. Twenty-Second NATO/CCMS International Technical Meeting on Air PollutionModelling and Its Application, 2-6 June, 1997.

[25] D. W. Byun, J. K. S. Ching. Science Algorithm of the EPA Models-3 Community Multiscale Air Quality (CMAQ) Modeling System[R]. EPA/600/R-99/030, USEPA/ORD, 1999: 727.

[26] A. Eldering, J. R. Hall, G. R. Cass. Visibility Model Based on Satellite-Generated Landscape Data[J]. Environmental Science & Technology, 1996, 30 (2): 361-370.

[27] E. Angelino, M. Bedogni, C. Carnevale, et al. PM$_{10}$ Chemical Model Simulations Over Northern Italy in the Framework of the CityDelta Exercise[J]. Environmental Modeling & Assessment, 2008, 13 (3): 401-413.

[28] Environ. User's Guide for the Comprehensive Air Auality Model with Extensions (CAMx), Version 5. 10. ENVIRON International Corporation, 2009.

[29] E. Gego, A. Gilliland, R. Gilliam, et al. Temporal Features in Observed and Simulated Meteorology and Air Quality over the Eastern United States[J]. Atmospheric Environment, 2006, 40 (26): 5041-5055.

[30] 王自发, 谢付莹, 等. 嵌套网格空气质量预报模式系统的发展与应用[J]. 大气科学, 2006, 30 (5): 778-790.

[31] W. Sha, S. Ogawa, T. Iwasaki. A numerical Study on the Nocturnal Front Genesis of the Sea-breeze Front[J]. Journal of the Meteorological Society of Japan, 2004, 82 (2): 817-823.

[32] K. W. Appel, A. B. Gilliland, G. Sarwar, et al. Evaluation of the Community Multiscale Air Quality (CMAQ) Model Version 4. 5: Sensitivities Impacting Model Performance: Part I-Ozone[J]. Atmospheric Environment, 2007, 41 (40): 9603-9615.

[33] R. S. Sokhi, J. R. San, N. Kitwiroon, et al. Middleton. Prediction of Ozone Levels in London Using the MM5-CMAQ Modelling System[J]. Environmental Modelling & Software, 2006, 21 (4): 566-576.

[34] X. Tie, S. Madronich, G. H. Li, et al. Characterizations of Chemical Oxidants in Mexico City: A Regional Chemical Dynamical Model (WRF-Chem) Study[J]. Atmospheric Environment, 2007, 41 (9): 1989-2008.

[35] K. W. Appel, P. V. Bhave, A. B. Gilliland, et al. Evaluation of the Community Multiscale Air Quality (CMAQ) Model version 4. 5: Sensitivities Impacting Model Performance: Part II-Particulate Matter [J]. Atmospheric Environment, 2008, 42 (24): 6057-6066.

[36] T. W. Tesche, R. Morris, G. Tonnesen, et al. CMAQ/CAMx Annual 2002 Performance Evaluation over the Eastern US[J]. Atmospheric Environment, 2006, 40 (26): 4906-4919.

[37] D. J. Luecken, S. Phillips, G. Sarwar, et al. Effects of Using the CB05 vs. SAPRC99 vs. CB4 Chemical Mechanism on Model Predictions: Ozone and Gas-phase Photochemical Precursor Concentrations[J]. Atmospheric Environment, 2008, 42 (23): 5805-5820.

[38] J. Y. Zheng, L. J. Zhang, W. W. Che, et al. A Highly Resolved Temporal and Spatial Air Pollutant Emission Inventory for the Pearl River Delta Region, China and Its Uncertainty Assessment[J]. Atmos-

pheric Environment，2009，43（32）：5112-5122.

[39] R. Borge，J. Lumbreras，E. Rodríguez. Development of a High-resolution Emission Inventory for Spain Using the SMOKE Modelling System：A Case Study for the Years 2000 and 2010[J]. Environmental Modelling & Software，2008，23（8）：1026-1044.

[40] M. J. Li，D. S. Chen，S. Y. Cheng，et al. Optimizing Emission Inventory for Chemical Transport Models by Using Genetic Algorithm[J]. Atmospheric Environment，2010，44（32）：3926-3934.

[41] 马雁军，刘宁微，王扬锋. 辽宁中部城市群大气污染分布及与气象因子的相关分析[J]. 气象科技，2005，33（6）：527-532.

[42] 李莉，程水源，陈东升，等. 气象模式 MM5 的不同参数化方案评估[J]. 北京工业大学学报（自然科学版），2010，36（1）：71-76.

[43] R. C. Gilliam，C. Hogrefe，S. T. Rao. New Methods for Evaluating Meteorological Models Used in Air Quality Applications[J]. Atmospheric Environment，2006，40（26）：5073-5086.

[44] Q. Mao，L. L. Gautney，T. M. Cook，等. Numerical Experiments on MM5-CMAQ Sensitivity to Various PBL Schemes[J]. Atmospheric Environment，2006，40（17）：3092-3110.

[45] Z. Han，H. Ueda，J. An. Evaluation and Intercomparison of Meteorological Predictions by Five MM5-PBL Parameterizations in Combination with Three Land-surface Models[J]. Atmospheric Environment，2008，42（2）：233-249.

[46] 李莉，程水源，陈东升，等. 气象模式 MM5 的不同参数化方案评估[J]. 北京工业大学学报，2010，36（1）：71-76.

[47] 赵洪，杨学联，邢建勇，等. WRF 与 MM5 对 2007 年 3 月初强冷空气数值预报结果的对比分析[J]. 海洋预报，2007，24（2）：1-8.

[48] D. S. Chen，S. Y. Cheng，L. Liu，等. An Integrated MM5-CMAQ Modeling Approach for Assessing Trans-boundary $PM_{10}$ Contribution to the Host City of 2008 Olympic Summer Games-Beijing，China[J]. Atmospheric Environment，2007，41（6）：1237-1250.

[49] U. Im，K. Markakis，A. Unal，et al. Study of a Winter PM Episode in Istanbul Using the High Resolution WRF/CMAQ Modeling System[J]. Atmospheric Environment，2010，44（26）：3085-3094.

[50] Y. Zhang，P. Liu，B. Pun，et al. A Comprehensive Performance Evaluation of MM5-CMAQ for the Summer 1999 Southern Oxidants Study Episode—Part I：Evaluation Protocols，Databases，and Meteorological Predictions[J]. Atmospheric Environment，2006，40（26）：4825-4838.

[51] G. Li，J. Shi，J. Y. Zhou. Bayesian Adaptive Combination of Short-term Wind Speed Forecasts from Neural Network Models[J]. Renewable Energy，2011，36（1）：352-359.

[52] G. Li，J. Shi. On Comparing Three Artificial Neural Networks for Wind Speed Forecasting[J]. Applied Energy，2010，87（7）：2313-2320.

[53] S. M. Al-alawi，S. A. Abdul-wahab，C. S. Bakheit. Combining Principal Component Regression and Artificial Neural Networks for More Accurate Predictions of Ground-level Ozone[J]. Environmental Modelling & Software，2008，23（4）：396-403.

[54] V. Isakov，A. Venkatram，J. S. Touma，et al. Evaluating the Use of Outputs From Comprehensive Meteorological Models in Air Quality Modeling Applications[J]. Atmospheric Environment，2007，41（8）：1689-1705.

[55] N. Manju，R. Balakrishnan，N. Mani. Assimilative Capacity and Pollutant Dispersion Studies for the Industrial Zone of Manali[J]. Atmospheric Environment，2002，36（21）：3461-3471.

[56] D. S. Cohan，A. Hakami，Y. Hu，et al. Nonlinear Response of Ozone to Emissions：Source Apportionment and Sensitivity Analysis[J]. Environmental Science and Technology，2005，39（17）：6739-

6748.

[57] J. L. An, H. Ueda, K. Matsuda, et al. Simulated Impacts of $SO_2$ Emissions from the Miyake Volcano on Concentration and Deposition of Sulfur Oxides in September and October of 2000[J]. Atmospheric Environment, 2003, 37 (22): 3039-3046.

[58] J. L. An, H. Ueda, Z. F. Wang, et al. Simulations of Monthly Mean Nitrate Concentrations in Precipitation[J]. Atmospheric Environment, 2002, 36 (26): 4159-4171.

[59] J. L. An, M. Y. Huang, Z. F. Wang, et al. Numerical Regional Air Quality Forecast Tests over the Mainland of China[J]. Water, Air and Soil Pollution, 2001, 130 (1-4): 1781-1786.

[60] S. M. Almeida, C. A. Pio, M. C. Freitas, et al. Source Apportionment of Fine and Coarse Particulate Matter in a Sub-urban Area at the Western European Coast[J]. Atmospheric Environment, 2005, 39 (17): 3127-3138.

[61] S. Park, Y. J. Kim. Source Contributions to Fine Particulate Matter in an Urban Atmosphere[J]. Chemosphere, 2005, 59 (2): 217-226.

[62] A. Srivastava, S. Gupta, V. K. Jain. Source Apportionment of Total Suspended Particulate Matter in Coarse and Fine Size Ranges Over Delhi[J]. Aerosol and Air Quality Research, 2008, 8 (2): 188-200.

[63] T. V. B. P. S. Rama Krishna, M. K. Reddy, R. C. Reddy, et al. Assimilative Capacity and Dispersion of Pollutants due to Industrial Sources in Visakhapatnam Bowl Area[J]. Atmosphric Environment, 2004, 38 (39): 6775-6787.

[64] 王芳, 陈东升, 程水源, 等. 基于气流轨迹聚类的大气污染输送影响[J]. 环境科学研究, 2009, 22 (6): 637-642.

[65] D. G. Streets, J. S. Fu, C. J. Jang, et al. Air Quality During the 2008 Beijing Olympic Games[J]. Atmospheric Environment, 2007, 41 (3): 480-492.

[66] M. Y. Lin, T. Oki, M. Bengtsson. Long-range Transport of Acidifying Substances in East Asia-Part II Source-receptor Relationships[J]. Atmospheric Environment, 2008, 42 (24): 5956-5967.

[67] 孟晓艳, 王普才, 王庚辰, 等. 北京及其周边地区冬季 $SO_2$ 的变化与输送特征[J]. 气候与环境研究, 2009, 14 (3): 309-317.

[68] S. Y. Cheng, D. S. Chen, J. B. Li, et al. The Assessment of Emission-source Contributions to Air Quality by Using a Coupled MM5-ARPS-CMAQ Modeling System: A Case Study in the Beijing Metropolitan Region, China[J]. Environmental Modelling & Software, 2007, 22 (11): 1601-1616.

[69] H. Shimadera, A. Kondo, A. Kaga, et al. Contribution of Transboundary Air Pollution to Ionic Concentrations in Fog in the Kinki Region of Japan[J]. Atmospheric Environment, 2009, 43 (37): 5894-5907.

[70] A. Masahide, H. Takatoshi, Y. Makiko, et al. Regionality and Particularity of a Survey Site from the Viewpoint of the $SO_2$ and $SO_4^{2-}$ Concentrations in Ambient Air in a 250-km×250-km Region of Japan [J]. Atmospheric Environment, 2008, 42 (3): 1389-1398.

[71] C. Borrego, A. Monteiro, J. Ferreira, et al. Modelling the Photochemical Pollution Over the Metropolitan Area of Porto Alegre, Brazil[J]. Atmospheric Environment, 2010, 44 (3): 370-380.

[72] S. M. Lee, M. Princevac, S. Mitsutomi, et al. MM5 simulations for Air Quality Modeling: An Application to a Coastal Area with Complex Terrain[J]. Atmospheric Environment, 2009, 43 (2): 447-457.

[73] M. Titov, A. Sturman, P. Zawar-Reza. Application of MM5 and CAMx4 to Local Scale Dispersion of Particulate Matter for the City of Christchurch, New Zealand[J]. Atmospheric Environment, 2007, 41 (2): 327-338.

［74］肖杨，毛显强，马根慧．基于 ADMS 和线性规划的区域大气环境容量测算［J］．环境科学研究，2008，21（3）：13-16.

［75］周昊，李元宜．区域大气环境容量测算及二氧化硫总量平衡分配研究［J］．气象与环境学报，2006，22（5）：19-23.

［76］T. M. Gaydos，R. Pinder，B. koo，et al. Development and Application of a Three-dimensional Aerosol Chemical Transport Model，PMCAMx［J］. Atmospheric Environment，2007，41（12）：2594-2611.

［77］A. M. Dunker，G. Yarwood，J. P. Ortmann，et al. Comparison of Source Apportionment and Source Sensitivity of Ozone in a Three-dimensional Air Quality Model［J］. Environmental Science and Technology，2002，36（13）：2953-2964.

［78］M. W. Kristina，N. P. Spyros，Y. Greg，et al. Development and Application of a Computationally Efficient Particulate Matter Apportionment Algorithm in a Three-dimensional Chemical Transport Model［J］. Atmospheric environment，2008，42（7）：5650-5659

［79］B. Koo，G. M. Wilson，R. E. Morris，et al. Comparison of Source Apportionment and Sensitivity Analysis in a Particulate Matter Air Quality Model［J］. Environmental Science and Technology，2009，43（17）：6669-6675.

［80］Q. Ying，K. Michael. Regional Contributions to Airborne Particulate Matter in Central California During a Severe Pollution Episode［J］. Atmospheric environment，2009，43（2）：1218-1228.

［81］Z. Q. Ma，Y. S. Wang，Y. Sun，et al. Characteristics of Vertical Air Pollutants in Beijing［J］. Research of Environmental Sciences，2007，20（5）：1-6.

［82］欧阳晓光．大气环境容量 A-P 值法中 $A$ 值的修正算法［J］．环境科学研究，2008，21（1）：37-40.

［83］朱敏，王体健，李淑玲，等．淄博市污染气象特征与大气环境容量［J］．南京气象学院学报，2007，30（3）：312-319.

［84］K. M. Mcdonald，L. Cheng，M. P. Olson，et al. A Comparison of Box and Plume Model Calculation for Sulphur Deposition and Flux in Alberta，CANADA［J］. Atmospheric Environment，1996，30（17）：2969-2980.

［85］P. Goyal，S. Anand，B. S. Gera. Assimilative Capacity and Pollutant Dispersion Studies for Gangtok City［J］. Atmospheric Environment，2006，40（9）：1671-1682.

［86］杨洪斌，马雁军，张云海．新一代大气扩散模型在大气环境容量中的应用研究［J］．辽宁气象，2003（4）：13-14.

［87］安兴琴，陈玉春，吕世华．兰州市冬季 $SO_2$ 大气环境容量研究［J］．高原气象，2004，23（1）：110-115.

［88］D. S. Chen，S. Y. Cheng，J. B. Li，et al. Application of LIDAR Technique and MM5-CMAQ Modeling Approach for the Assessment of Winter $PM_{10}$ Air Pollution：A Case Study in Beijing，China［J］. Water Air Soil Pollut，2007，181（1-4）：409-427.

［89］李韧，程水源，郭秀锐，等．唐山市区大气环境容量研究［J］．安全与环境学报，2005，5（3）：46-50.

［90］S. Y. Cheng，D. S. Chen，J. B. Li，et al. An ARPS-CMAQ Modeling Approach for Assessing the Atmospheric Assimilative Capacity of the Beijing Metropolitan Region［J］. Water Air and Soil Pollution，2007，181（1-4）：211-224.

［91］王淑云，节江涛，熊险平，等．城市空气质量与气象条件的关系及空气质量预报系统［J］．气象科技，2006，34（6）：688-692.

［92］隋珂珂，王自发，杨军，等．北京 $PM_{10}$ 持续污染及与常规气象要素的关系［J］．环境科学研究，2007，20（6）：77-82.

[93] M. Viana，X. Querol，A. Alastuey，et al. Identification of PM Sources by Principal Component Analysis (PCA) Coupled with Wind Direction Data[J]. Chemosphere，2006，65（11）：2411-2418.

[94] S. A. Abdul-wahab，C. S. Bakheit，S. M. Al-alawi. Principal Component and Multiple Regression Analysis in Modeling of Ground-level Ozone and Factors Affecting Its Concentrations[J]. Environmental Modeling Software，2005，20（10）：1263-1271.

[95] L. Li，S. Y. Cheng. Using Numerical Model and Multivariate Statistical Techniques to Analysis Heavy $PM_{10}$ Pollution Process in Summer of Beijing[C]. 2008 International Pre-Olympic Workshop on Modelling and Simulation，Nanjing，2008：479-484.

[96] M. Statheropoulos，N. Vassiliadis，A. Pappa. Principal Component and Canonical Correlation Analysis for Examining Air Pollution and Meteorological Data[J]. Atmospheric Environment，1998，32（6）：1087-1095.

[97] 沈家芬，张凌，莫测辉，等. 广州市空气污染物和气象要素的主成分与典型相关分析[J]. 生态环境，2006，15（5）：1018-1023.

[98] 龙连春，叶宝瑞，晏祥慧. 最优化——从自然到工程到社会[J]. 石油大学学报，2002，18（2）：51-53.

[99] 郭玉芳，陈宝亭，吴伟. 多目标最优化方法浅析[J]. 河南教育学院学报，1999，8（3）：7-9.

[100] 张淑涓，李雁，余冠明. 线性规划方法在城市大气污染物排放总量控制中的应用[J]. 重庆环境科学，1996，18（4）：29-32.

[101] N. K. Woodfield，J. W. S. Longhurst，C. I. Beattie，et al. Regional Collaborative Urban Air Quality Management：Case Studies across Great Britain[J]. Environmental Modelling & Software，2006，21（4）：595-599.

[102] T. Elbir，N. Mangir，M. Kara，et al. Development of a GIS-based Decision Support System for Urban Air Quality Management in the City of Istanbul[J]. Atmospheric Environment，2010，44（4）：441-454.

[103] J. W. S. Longhurst，J. G. Irwin，T. J. Chatterton，et al. The Development of Effects-based Air Quality Management Regimes[J]. Atmospheric Environment，2009，43（1）：64-78.

[104] 柴发合，陈义珍，文毅，等. 区域大气污染物总量控制技术与示范研究[J]. 环境科学研究，2006，19（4）：163-171.

[105] Y. F. Pu，J. J. Shah，D. G. Streets. 2000 China's "Two-Control-Zone" Policy for Acid Rain Mitigation[J]. EM（Magazine of the Air and Waste Management Association），2000，（7）：32-34.

[106] M. X. Wang，R. J. Zhang，Y. F Pu. Recent Researches on Aerosol in China[J]. Advances in Atmospheric Sciences，2001，18（4）：576-586.

[107] 任阵海，万本太，虞统，等. 不同尺度大气系统对污染边界层的影响及其水平流场输送[J]. 环境科学研究，2004，17（1）：7-13.

[108] Q. Zhang，D. G. Streets. Asia Emissions for INTEX-B in 2006. http：//www. cgrer. uiowa. edu/EMISSION_DATA_new/index_16. html.

[109] L. Yu，K. K. Lai，S. Wang. Multistage RBF Neural Network Ensemble Learning for Exchange rates Forecasting[J]. Neurocomputing，2008，71（16-18）：3295-3302.

[110] X. An，T. Zhu，Z. Wang，et al. A Modeling Analysis of a Heavy Air Pollution Episode Occurred in Beijing[J]. Atmospheric Chemistry and Physics，2007，35（7）：3103-3114.

[111] Z. H. Chen，S. Y. Chen，J. B. Li，et al. Relationship Between Atmospheric Pollution Processes and Synoptic Pressure Patterns in Northern China[J]. Atmospheric Environment，2008，42（8）：6078-6087.

［112］ D. L. Zhang，W. Z. Zheng. Diurnal Cycles of Surface Winds and Temperatures as Simulated by Five Boundary Layer Parameterizations［J］. Journal of Applied Meteorology，2004，43（1）：157-169.

［113］ Q. Mao，L. L. Gautney，T. M. Cook，et al. Numerical Experiments on MM5-CMAQ Sensitivity to Various PBL Schemes［J］. Atmospheric Environment，2006，40（17）：3092-3110.

［114］ C. Hogrefe，S. T. Rao，P. Kasibhatla，et al. Evaluating the Performance of Regional-scale Photochemical Modeling Systems：Part I—Meteorological Predictions［J］. Atmospheric Environment，2001，35（24）：4159-4174.

［115］ 黄青. 城市能源与大气环境耦合模型建立及在北京的应用研究［D］. 北京：北京工业大学博士论文，2010：41-51.